오늘은
잘 곳을 구할 수
있을까?

371일 19,105km의 낭만 가득 로드트립

오늘은 잘 곳을 구할 수 있을까?

초판인쇄 2019년 1월 4일
초판발행 2019년 1월 4일

지은이 이미경
펴낸이 채종준
기 획 이아연
편 집 박지은
디자인 김예리
마케팅 문선영

펴낸곳 한국학술정보(주)
주소 경기도 파주시 회동길 230(문발동)
전화 031 908 3181(대표)
팩스 031 908 3189
홈페이지 http://ebook.kstudy.com
E-mail 출판사업부 publish@kstudy.com
등록 제일산-115호(2000. 6. 19)

ISBN 978-89-268-8637-3 03980

371일 19,105km의 낭만 가득 로드트립

오늘은 잘 곳을 구할 수 있을까?

이미경 지음

이담
Books

프롤로그
19105km, 530만원, 371일, 40개국, 170도시

도대체 행복이란 어디서 찾을 수 있는 걸까?

단 한 번도 오래 살고 싶었던 적이 없었다. 오히려 짧고 굵게 살자며 지친 일상을 살아가는 스스로를 다독였다. 내 인생은 무미건조했다. 특별하기는커녕 지극히 평범했고, 행복하다기보다는 불행에 더 가까웠던 그런 삶. 난 지루한 인생의 쳇바퀴에 마지못해 끌려가고 있었다. 늘 적당한 온도를 유지하며 미적지근하게 살면서도 스스로에게 만족하지 못해 타인을 동경했고, 만인에게 사랑받는 구김 없는 아이가 되고 싶은 욕심에 밝은 척을 하면서도 콤플렉스로 똘똘 뭉친 속마음을 부둥켜안은 채 살아왔다. 겉으로 내색하지 않았지만, 속은 점점 곪아갔고, 집에 돌아와 방문을 닫으면 울적함에 잠식되었다.

무언가 변화를 기대하며 유학을 떠나기도 했지만 뚜렷한 목표 없이 떠난 유학생활과 갑작스럽게 찾아온 아버지의 건강 악화는 오히려 나를 더욱 움츠러들게 했나. 열심히 공부한 뒤 한국에 돌아왔지만, 유학생활에 실패하고 들

아온 것처럼 보일까 봐 두려웠고 처음부터 다시 시작해야 했던 입시와 가족 간의 갈등, 불화는 쌓이고 쌓여 나를 짓눌렀다. 너무나도 불행했고, 내 마음은 구멍이 뚫린 듯 텅 비어버렸다. 그래서였을까. 난 지독히도 일상에서 벗어나고 싶었다.

선선한 바람이 불어오는 어느 가을, 길고 길었던 입시 끝에 합격통지서를 받았다. 원하던 대학교는 아니었지만 나름대로 만족할 수 있었다. 입시생활 중 불어난 체중도 20kg 정도 감량했고, 그렇게 내 인생은 터닝포인트를 맞이하는 듯했다. 대학생활도, 동아리활동도, 봉사활동도 정말 열심히 했다. 하지만 어째서일까. 마음의 공허함이 전혀 메꿔지지 않았다. 난 여전히 불행했고, 텅 비어 있었다.

2014년 여름, 처음으로 혼자 70일간 유럽여행을 떠났다. 그저 주변 사람들이 멋지다고 하는 유럽을 나도 보고 싶었을 뿐이었는데, 이 여행이 내 삶을 바꿔줄 거라고는 상상도 하지 못했다. 여행을 하는 약 두 달 반, 매 순간 심장이 두근거리고 새로운 내일을 기다리게 되었다. 이런 행복을 느낀 건 처음이었다. 마지못해 살아가던 내가, 여행을 하며 내 그대로의 모습을 온전히 마주하게 되었다. 나는 생각했던 것보다 더 용기 있고 밝은 사람이었으며 실행력이 빠르고 도전할 줄 아는 사람이었다. 알지 못하는 나의 새로운 모습도 발견하게 된 것이다. 태어나 처음으로 스스로 행복하다고 느꼈고, 흰 머리의 할머니가 될 때까지 그 행복을 오래오래 느끼고 싶다고 간절히 바라게 되었다. 한여름 밤의 꿈같던 유럽. 그것은 일상에 갇혀 있던 나에게 돌파구였으며 생각지도 못한 선물이었다.

한국으로 돌아오는 비행기 안에서 아쉬운 마음에 일기장을 부여잡고 2시간 동안 펑펑 눈물을 쏟았다. 이제야 진짜 시작인 것 같은데 끝나다니. 소중한 크리스마스 선물을 빼앗긴 아이처럼 서럽게 울었다. 그 후로 내 방 침대에 누워 눈을 감으면 환상 같던 그때의 순간들이 아른거렸다. 에펠탑 근처 잔디밭에 앉아 소등을 지켜보던 그 시간들이 어둠 속에 파노라마처럼 스쳐 지나가는 것이다. 나, 진심으로 행복했었나 보다.

다시 한 번 여행을 떠나기로 다짐했다. 대학교를 졸업하기 전에 꼭 세계여행을 해보리라. 여행을 하면서 느꼈던 열정을, 행복을, 가슴의 울림을 다시 한 번 느끼고 싶었다. 그리고 오로지 나 자신에게 집중하는 시간을 보내며 세상 밖을 두 눈으로 직접 확인하고 싶었다. 꽤 풍요로웠던 첫 번째 유럽여행과는 달리 이번 여행은 초저가 장기여행을 목표했다. 아르바이트와 과외로 악착같이 돈을 모았지만, 준비 기간이 워낙 짧아 세계여행은 무리였다. 그래도 이참에 색다른 컨셉의 여행도 하고 싶었으니 그냥 인도로 떠났다. 하지만 나는 끝내 나의 꿈이 되어버린 세계여행을 접을 수 없었고, 인도는 새로운 여행의 시작으로 나를 이끌었다.

그렇게 보내온 너무나도 소중했던 지난 1년간의 기억을 당신과 나누고 싶다. 여행 중 많은 사람들이 주었던 밝은 에너지를 당신에게 나눠주고 싶다. 불행 속을 맴돌던 나에게 여행이 희망이었듯 당신도 용기를 갖고 행복을 찾기 위해 자신이 가고 싶은 길 위에 발을 올려놓기를.

목차

Part 5.

이집트

사막과 바다가 어우러진 카오스

Part 6-1.

유럽

너의 청춘을 즐겨봐

Part 6-2.

유럽

히치하이커들의 천국

Part 8.
일본

젊을 때 사서 고생하는 거야

아빠, 나 인도에 다녀올게!

✈ 환상의 나라 인도

"어디 보자…. 홍두깨살이면 소 엉덩이네? 그냥 처음부터 소 엉덩이
라고 하지 왜 어려운 이름을 붙였나 몰라? 소도 사람처럼 이름이 있을
까?"

"얘네는 호주에서 왔으니까 로버트나 존일 거야."

"그럼 오늘 저녁엔 로버트의 엉덩이로 불고기를 해먹을까? 역시 식욕
이 떨어지네…."

"불쌍하다. 인도에서 태어났으면 소도 일종의 신인데…."

"소들은 다 인도에 가고 싶겠다, 그치?"

인상 깊게 읽었던 천계영 작가님의 만화책 『DVD』에는 인도에 관한 장면
이 나온다.

"계속 타고 가다 보면 마지막 역, 종점인 인도가 나와. 한때 세상에 있
었다가 떠난 환상들이 사는 곳. 환상의 나라, 인도."

『DVD』의 마지막 장은 세 명의 주인공, 땀과 비누와 디디가 기차를 타고 '인도'에 가는 장면으로 끝이 나는데, 소들도 행복해 보이는 모습으로 인도로 향한다. 그래서인지 인도를 생각하면 제일 먼저 소가 떠오른다. 만화 속, 길거리를 자유롭게 누비는 행복한 소들이 나오는 장면을 본 후부터 그들을 실제 인도의 길거리 어딘가에서 만나보고 싶다는 생각을 하곤 했다.

한때 세상에 있었다가 떠난 환상들이 사는 곳, 인도. 『DVD』의 주인공들은, 그리고 인도로 떠나고 싶어 하던 소들은 환상의 세계에 잘 도착했을까? 문득 열다섯 무렵 만화책 속에서 만났던 그들의 안부가 궁금해졌다. 그리고 스스로 되뇌었다. '환상이 되어 행복하게 잘 지내고 있을 거야' 그렇게 인도에 대한 꿈에 한참 젖어 있었을 무렵, 특가할인 중인 비행기 티켓을 발견했다. 이것저것 잴 것 없이 대학 입시를 같이 준비했던 친구 소이에게 전화를 걸었다.

"겨울방학에 인도에 같이 가지 않을래?"

그리고 우리는 통화를 마치자마자 비행기 표를 샀다. 그날 이후 나는 바로 인도여행 준비를 시작했고 모든 일은 일사천리로 진행되었다. 어느덧 겨울이 성큼 다가와 무척이나 추웠던 어느 날, 우리는 뜨거운 인도로 떠났다. '인도에 가면 당당하게 골목을 돌아다니는 행복한 소들을 만나게 되겠지' 그런 생각과 함께 비행기 안에서 눈을 감고 창문에 살짝 몸을 기댔다.

☑ 배낭

오스프리 45L. 배낭은 꼭 직접 착용해보고 구매하기. 본인의 등에 가장 잘 맞고
수납공간이 많은 편안한 가방을 찾을 것! 가방 커버가 있으면 유용하다. (공항+
버스 이동 시 가방이 무척 더러워짐) 중간에 가방을 열 수 있는 분리형 지퍼가
있거나 칸막이를 나눴다 없앴다 할 수 있는 가방이 물건을 넣었다 빼기 편리함.
– 기온 0도 이상 여행 45L~50L / 기온 0도 이하 여행 60L~70L

☑ 보조배낭

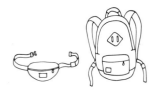

커다란 배낭 외에 맬 작은 백팩. 안주머니가 있으면 좋다. 카
메라, 핸드폰, 전자기기, 지갑, 일기장 등 자주 꺼내는 중요한
물건들을 보관하되 안주머니에 카드+여권+현금을 따로 보관!
어디를 가든 항상 지참할 것. 특히 히치하이크할 때 큰 배낭은
트렁크에 싣더라도 중요한 물건이 든 작은 보조배낭은 꼭 가
지고 있자.

☑ 화장품

수분크림, 선크림, 아이라이너,
립밤, 틴트, 쉐도우, 아이브로우,
면봉, 화장솜, 헤어오일, 데오드
란트, 눈썹칼, 필링젤
(액체류에 해당하는 화장품은
기내 반입 시 100ml 이하 공병
에 담아야 할 수 있음)

☑ 의약품/예방접종

감기약, 항생제, 소화제, 지사제(현지 설사약이
더 좋음, 한국약 잘 안 듦. 특히 인도 물갈이는
인도약을 먹어야 함), 변비약, 빈대퇴치약(피부
과에서 처방), 알레르기약, 안티프라민(파스보
다 낫다) 후시딘, 데일밴드, 말레리아약(처방),
피부질환 약, 여드름약, 발목보호대, 인공눈물

☑ 생필품

칫솔, 치약, 폼클렌징, 샴푸/린스, 샤워볼, 위생용품, 비누, 머리끈,
핀, 머리띠, 빗, 손거울, 일회용 면도기, 우산, 세탁망, 다이소 샤워
커튼(돗자리 + 노숙+ 빈대 퇴치용), 때밀이, 휴식 스포츠타월
내 경우 샴푸+바디 겸용의 세면도구를 쓰거나 귀찮을 땐 비누로
전부 해결하기도….

☑ 전자기기

휴대폰, 휴대폰 충전기, 공기계, 이어폰, 카메라, 카메라 충전기, 배터리, 32Gb 메모리카드 3개(일정에 따라 메모리를 넉넉하게!), 손목시계, 멀티탭 3구, 멀티어댑터, 보조배터리

☑ 그 외 필수품

손톱깎이, 빨랫줄, 빨래집게, 옷핀, 지퍼백, 자물쇠, 초경량 침낭, 비닐봉지, 태극기, 마스크, 판초우의, 일회용 렌즈, 안경, 호신용 스프레이, 지퍼 달린 에코백, 동전지갑(일반지갑보다 유용), 목걸이지갑, 100달러(비상용, 여권커버 등에 숨겨두기), 다이어리, 영수증 붙일 테이프나 스티커, 펜(국내에서 사가는 걸 추천)

☑ 옷

셔츠 1, 가디건 1, 유니클로 팬티 3(잘 마르고 신축성 편함), 와이어 없는 유니클로 브래(손빨래하기 쉽고 잘 마름) 2, 유니클로 브라탑 1, 양말 4, 잠옷 1, 방수자켓 1, 선글라스 1, 후리스 1, 유니클로 초경량 패딩 1, 츄리닝 바지 1, 트래킹용 운동화 1, 수영복, 크록스(슬리퍼) 1, 수면안대, 원피스 1, 히트텍 상의 1, 레깅스 1, 반팔2, 반바지 1, 긴바지 1
중간중간 쓰지 않는 물건은 과감히 버린다. 계절이 바뀌면 옷을 새로 구매하거나 버림. 다른 여행자들과 교환하거나 구제시장을 이용했다.

☑ 그밖에 추천!

· **트래블 파우치**
5개를 챙겼는데, 용도에 따라 분리해 배낭 정리할 시간도 아끼고 필요한 물건을 찾는 데 제법 유용했다.
  – 옷 넣는 파우치 : 속옷+얇은 티, 하의 따로 분리, 자주 입는 옷과 덜 자주 입는 옷 따로 분리.
  – 샤워용품 파우치 : 고리가 달린 파우치가 유용함. 다양한 곳에 걸 수 있어 샤워할 때 바닥에 내려놓지 않아도 됨.
그 외 전자기기 파우치, 화장품 파우치 등.

· **신용카드, 체크카드 골고루**
카드는 3–4개로 분산하여 준비하자. 본 체크카드에 돈을 넣어두고 한국에 보관.
필요한 만큼 온라인뱅킹으로 들고 다니는 카드에 이체하면 카드를 잃어버려도 큰 걱정 없음.
단, atm에서 돈을 뽑을 때 주의할 것. 뒤에서 몰래 보고 있다가 지갑을 소매치기하기도.

· **기념품**
카우치서핑 호스트, 여행에서 만난 친구들에게 나눠줄 한국 기념품, 엽서 등. 현지에서 마음을 표현하는 작은 수단.

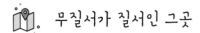

무질서가 질서인 그곳

저녁 4시 55분. 현지인들로 북적이는 콜카타 공항에 도착했다. 인도도 겨울을 맞이한 듯 해가 짧아져 있었다. 나는 콜카타에서 바라나시로 바로 넘어갈 계획이었기에 택시를 타고 기차역으로 향하는데, 가는 길에 펼쳐진 광경에 두 눈이 휘둥그레졌다. 중앙선이 없는 도로는 말 그대로 개판 5분 전이었다. 도로에는 인력거와 소들까지 차 옆을 아무렇지도 않게 걸어 다녔다.

'대체 왜 소들이 차들과 함께 도로를 돌아다니는 거지!?'

릭샤꾼들이 무자비하게 눌러대는 클랙슨 소음으로 가득한, 질서라고는 눈 뜨고 찾아볼 수 없는 바로 이곳. 인크레더블 인디아! 인도에 대한 첫인상은 상상 그 이상이었다. 물론 어느 정도 적응된 후에는 이 끝없는 무질서가 오히려 질서를 만든다는 사실을 깨달았지만 말이다.

기차역에 도착하자마자 택시기사의 횡포가 시작되었다. 망할 택시기사는 우리가 미리 돈을 냈음에도 차가 막혔으니 팁을 내야 한다며 무작정 우겨댔다. 화를 내고 싶었지만 너무 무서워서 소심하게 '싫어요!'라고 소리치고 기차역으로 도망쳤다. 인도에 발을 디딘 지 2시간도 지나지 않았다는 사실이 무색할 정도로 우여곡절을 겪은 우리는 많은 인파로 붐비는 기차역에 겨우 들어갈 수 있었다.

소이와 나는 수많은 인파들을 헤치고 저렴한 슬리퍼(SL)칸에 올라탔다. 슬리퍼 위 칸은 사람들이 지나다닐 때 방해받지 않는, 그나마 좋은 좌석이었다. 위 칸 침대에 눕고 싶었지만 아쉽게도 이미 만석이었다. 하는 수 없이 아래 칸을 이용해야 했다. 혹시라도 배낭을 훔쳐 갈까 봐 걱정이 돼서 가방을 와이어로 돌돌 말아 기차 선반에 묶어 자물쇠로 채워놨다. 그리고 침낭 안으로 쏙 파고 들어가 눈을 감아보았지만 아직까지는 모든 것이 겁이 났기에 실눈을 뜨고 주변만 살폈다.

긴장이 풀릴 즈음 겨우 잠이 들었는데 문득 발등 위에 뭔가 묵직한 게 느껴졌다. 다음 역에서 내릴 준비를 하던 사람들이 자연스레 아래 칸에 짐을 올린 채 기차가 멈추기를 기다리는 것이다. 다시 잠에 들만 하면 깨우고, 또 깨우고…. 이래서 사람들이 위 칸에서 자려고 하는 거였구나!

어느 순간 다시 잠들었나 보다. 갑작스런 밝은 빛에 눈이 부셔 두 눈을 비비며 잠에서 깨어났다. 창밖을 내다보니 기차는 인도에서 가장 긴 철교를 지나고 있었다. 앞 칸에서 주무시고 계시던 군인 아저씨가 힌디어로 철교에 대한 설명을 해주셨는데 대충 눈치로 철교의 길이가 4km가 넘는다는 정도만 알아들었다.

바라나시에 도착하려면 아직 4시간이나 남았다니. 우리가 지루한 표정으로 창밖을 바라보는 사이 군인 아저씨는 배가 고프신지 기차에서 파는 콩을 아침으로 드셨다. 한입 먹어보라 권하셨지만, 모르는 사람이 주는 음식은 '절대' 먹지 말라던 어느 블로그의 글이 떠올라 손사래를 치며 거절했다.

약 14시간 동안 설국열차의 꼬리 같던 SL칸에서 심장 떨리는 하루를 보낸 뒤, 마침내 가장 인도스러운 도시, 바라나시에 도착했다.

'죄송해요, 아저씨! 아직 인도에 온 지 얼마 안 돼서 겁이 좀 많아요.'

'나마스테 인도. 잘 부탁드립니다.
무사히, 건강하게 이 여행을 마칠 수 있게 해주세요!'

인도의 심장, 갠지스강

　　충격과 놀람의 콜카타를 뒤로한 채 도착한 곳은 인도스러움을 가장 잘 느낄 수 있는 도시, 바라나시였다. 우리는 바라나시역에 내리자마자 가이드북에 적힌 금액으로 자신 있게 릭샤를 흥정해 미리 알아놓은 게스트하우스로 향했다. 문제는 인도에는 이름만 똑같은 가짜 숙소가 많다는 것이었다. 필히 주의해야 한다.

　　즉, 바라나시 기차역에서 내려 "비슈뉴 게스트하우스로 가주세요" 하고 릭샤에 타면 릭샤꾼은 이름만 같은 음침하고 외진 게스트하우스에 데려다주었다. 우리는 바라나시에 도착하자마자 릭샤꾼에게 사기를 당하고, 도망치듯 골목을 빠져나와 갠지스강이 있는 가트까지 걸어야 했다. '망할 릭샤꾼, 우리를 왜 이런 곳에 떨어트리고 간 거야!!!' 릭샤꾼이 원망스러워지는 순간이었다.

　　하지만 그 와중에도 처음 마주한 갠지스강은 반가웠다. 인도의 심장이자 인도인들의 평생 소망인 갠지스강. 북적거리는 가트를 걸으니 겨우 마음이 진정됐다. 소이와 나는 다시 한 번 다짐했다. 인도에서 꼭 살아남겠다고.

　　남쪽 가트부터 무작정 따라 올라가다 보니 드디어 우리가 찾던 게스트하우스가 나왔다. 어렵게 도착한 게스트하우스 앞은 온통 소똥밭이었다. 숙소 앞

에는 검은 닭들도 뛰어다녔다. 어찌나 꼬질꼬질하던지. 걔들을 보고 나니 한동안 치킨을 끊고 채식주의자가 되어야겠다는 말도 안 되는 다짐까지 잠시 했다.

가트는 사람들로 북적거렸다. 그 거리에서 나는 평생 받을 관심을 다 받는 듯했다. 내가 인도에서는 미인상인 걸까? 처음으로 내 미모가 야속하다는 생각이 들었다. 지나가는 길목마다 인도인들이 연예인을 보듯 쳐다봐서 눈을 어디에 둬야 할지 모르겠다. '아이, 민망해. 그만 좀 쳐다봐요. 내 얼굴 뚫어지겠네' 하도 추파를 던지니 무섭기도 해서 세 보이려고 눈에 힘을 주어 부릅뜨고 다녔다.

게스트하우스 바로 아래 가트에는 눈에 띄는 짜이집이 한군데 있었다. 여행자들과 그곳에 종종 모여 앉아 6루피 하는 짜이를 마시곤 했는데 우리는 이곳을 '짜이벅스'라고 불렀다. 호로록호로록. 짜이벅스 앞 가트에 자리를 잡고 짜이를 마시면서 갠지스강을 바라보았다.

이른 아침부터 도비왈라들은 부지런히 빨래를 하고 있었다. 어찌나 깨끗하게 빨래를 하던지 오염도를 측정할 수 없을 정도로 더럽다는 갠지스강에서 빤 옷들은 신기하리만치 새 옷처럼 깨끗했다. 유독 해가 쨍쨍한 날은 도비왈라들로 가트가 붐볐고, 길가에는 알록달록한 옷들이 널렸다.

뽀송뽀송 잘 마른 분홍 니트의 주인은 누구일까. 빨래들은 색깔별로 분류되어 있었다. 인도에서는 보기 힘들 거라 생각했던 청바지도 뜨끈뜨끈한 돌바닥 위에서 잘 마르고 있었다. 대체 어떤 놈이 인도에 버릴 옷만 들고 오라 했던가! 어떤 놈이 청바지 들고 오지 말래! 초등학교 때 입던 꼬질꼬질한 맨투맨 한 장에 버리기 직전의 츄리닝 한 장만 들고 왔단 말이다. 나도 청바지를 입고 평범한 사람의 몰골을 하고 다니고 싶었다. 이마에 거지라고 써 붙이고 다니는 것도 아닌데 괜히 창피했다.

엄마, 아빠가 열심히 빨래를 하는 동안 어린아이들은 종이 연을 날리며 놀고 있었다.
종이 연을 들고 실컷 놀다가 연 줄이 꼬이면 와서 풀어달라고 칭얼거렸다. 어찌나 귀엽던지.

　바라나시에는 점점 어둠이 밀려왔다. 우리는 너무 겁을 먹고 있었던 나머지 '밤늦게 돌아다니지 말 것'이라고 가이드북에 나온 대로 이른 저녁이면 인도 탐색을 멈추고 6시까지 숙소에 들어갔다. 콩알 같은 내 간댕이. 어느 정도 바라나시에 적응이 된 후에야 '밤늦게'란 밤 10시 정도라는 걸 깨달았다. (게스트하우스의 통금시간이 10시였다.)
　그 후로 우리는 매일 밤이면 가트에 앉아서 음악 연주도 듣고, 짜이도 마시고, 일기도 쓰며 바라나시의 밤을 즐겼다. 물론 가트에서 놀다가 통금시간이 다가오면 허둥지둥 계단길을 뛰어 올라가기 일쑤였지만 말이다.

참 이상한 곳이다.

경계가 없는 인도. 사람과 사람 사이의 경계도, 소와 개와 닭과 사람의 경계도, 차선과 중앙선의 경계도, 죽은 사람과 산 사람의 경계도 모호한 이상하고도 다른 인디아. 삶과 죽음이 공존한다는 갠지스강 때문일까. 화장터에서는 시체를 화장하고 남은 재를 강에 띄워 보내고, 바로 옆 가트에서는 도비왈라들이 빨래를 하고 있다. 갠지스강에 옷을 깨끗하게 헹궈 빨래판에 몇 번이나 내려친 후 빳빳하게 펼쳐 빨랫줄에 가지런히 걸어놓는다. 가트에 앉아 짜이를 마시면서 인도인들의 부지런한 일상을 보고 있으면 여러 생각이 교차한다. 언제나 전혀 예측할 수 없는 일들이 일어나는 다이나믹하면서도 반전 매력이 있는 인디아. 하루에 오만 가지 인상을 썼다가도 웃게 만드는 인디아. 그들의 문화는 너무도 달라 감히 이해한다 말할 수가 없다. 누군가에게는 평생의 소망이고, 누군가에게는 호기심으로 발걸음을 옮기게 만드는 갠지스강. 여느 날처럼 가트에 멍하니 앉아 짜이를 마신다.
바라나시의 시간은 다른 곳보다 느리게 흘러간다.

한겨울 밤 바라나시 가트의 연주회

가트에 머문 지 며칠이 지나자 자연스레 암묵적인 일정이 생겼다. 바라나시의 여행자들은 낮 2시가 되면 약속이라도 한 듯 바바라씨에 모였다. 친목의 장소였던 그곳은 왠지 모르게 아늑하고 편안해서 자주 가게 됐다. 주인아저씨는 직접 요거트를 빻아서 걸쭉한 라씨를 만들어 주시는데, 이게 만들어지는 시간이 은근 오래 걸린다. 사람이 없어도 15분, 사람이 많으면 1시간까지도 걸렸다. 하지만 맛있으면 됐지, 뭐. 인도에서는 남아도는 게 시간인데.

저녁 8시쯤 되면 사람들은 저녁을 먹고 가트에 하나둘씩 모여들어 악기 연주를 시작했다. 떠돌이 할아버지의 피리 소리, 긴 수염 오빠의 젬베 소리, 바이올린과 처음 보는 악기인 디저리두가 전부 모이고, 갠지스강에는 아름다운 합주가 울려 퍼졌다. 특히 디저리두라는 악기는 깊은 소리가 마음을 울리는 힘이 있었다. 듣는 이를 매료시키는 묘한 매력이 있는 악기였다. 음악은 듣는 이에게도, 연주를 하는 이에게도 행복하고 유쾌한 밤을 선물해주었다.

훌륭한 연주를 듣고 나자 학습 욕구가 샘솟았다. 언어가 통하지 않더라도 음악으로 소통한다는 건 얼마나 멋진 일인가. 자고 일어나면 당장 젬베를 배

'나도 악기를 한번 배워볼까?
그래! 젬베가 그나마 쉬워 보이네.'

우러 가야겠다며 엉덩이를 털고 자리에서 일어났다.

다음 날 눈을 뜨자마자 악기점에 젬베를 사러 갔다. 나는 1,400루피짜리 젬베를 더 저렴하게 사보겠다며 깎고 깎아서 1,250루피에 샀다. 저렴하게 샀다며 실컷 자랑했는데 나중에 알고 보니 이 젬베는 원래 500루피면 산다는 사실!! 이 빌어먹을 사기꾼들! 크게 좌절했다. 인도에 온 지 일주일도 안 됐는데 벌써 두 번이나 바가지를(첫 번째는 스카프) 당하고 말았다. 나 경제학과 맞니…. 이 일을 계기로 큰 교훈을 얻었다. 인도에는 정가가 없다는 걸! 모든 것은 흥정이 기본이다.

어쨌거나 이왕 젬베를 샀으니 제대로 배워야 할 것 같다는 생각에 바바라 씨에서 우연히 알게 된 악기마스터 근식 오빠를 찾아뵈었다. 근식 오빠는 후미진 골목길의 옥탑에서 장기 체류하고 있었다. 그의 특훈 아래 티벳에서 온 아쩡이라는 남자애와 나는 손이 퉁퉁 부어오르도록 맹연습을 했다.

배우는 시간을 제외한 나머지는 개인연습에 쏟았다. 오밤중에 가트에 앉아

열심히 젬베를 두드리고 있자 지나가던 인도인들이 가던 길을 멈추고 리듬연
습을 도와주거나 손 자세를 교정해주곤 했다. 가트에서 몇 날 며칠을 연습만
하다 보니 어느새 꽤 많은 인도인들을 과외 선생님으로 두게 되었다. 일주일
사이에 제법 실력이 향상된 것 같아 뿌듯했다. 더 열심히 연습해서 다음에는
길거리에서 이들처럼 버스킹을 하리라.

'세상에…. 내 눈앞에 타지마할이 있어!'

순백의 타지마할은 눈이 부시도록 아름다웠다. 과연 이슬람 건축물 중에서
가장 아름다운 건축물이라고 불리울 만했다. 타지마할을 둘러싼 하얀 대리
석은 햇빛에 반사되어 더욱 반짝거렸다. 정교하고도 화려한 문양의 외벽을
갖춘 타지마할은 무덤답게 간소하고도 소박한 내부를 간직하고 있었다.

왜소한 바퀴벌레

바라나시를 지나 북쪽에서 남쪽으로 한참을 이동한 우리는 해변 마을인 고아에서 약 일주일을 보냈다. 어느 날 아침, 눈을 뜨니 다음 행선지인 함피로 향하는 버스를 타러 가야 할 시간이었다. 비몽사몽간에 배낭을 챙겨 버스정거장으로 냅다 뛰었다.

그런데 이게 웬걸! 버스표가 전부 매진되었다니!

망연자실한 표정으로 매표소 직원을 쳐다봤다. 그녀는 슬리퍼버스 대신 현지인들이 주로 이용하는 시외버스로 함피까지 가는 법을 알려주었다. 함피로 바로 가는 직행버스는 당분간 만석이라, 예약을 해놓고 며칠 기다려야 한단다. 일정이 정해져 있었던 터라 마음이 한시 급했던 우리는 아무 생각 없이 허름한 버스에 올라탔다.

버스 안에는 우리를 제외한 단 한 명의 관광객도 없었다. 그야말로 오직 현지인들을 위한 버스였다. 좌석은 정확하게 90도로 불편하게 꺾여 있었고, 버스는 온종일 울퉁불퉁한 비포장도로로만 달리느라 엉덩이가 자리에서 붙었다 떨어졌다를 반복하며 들썩였다. 어찌나 오르막 내리막이 심하던지, 한 번은 자리에 앉은 그대로 점프를 해버려서 버스 천장에 머리를 박았다. 그럼에도

제너럴 열차는 진정한 인도였다.
진짜 인도를 느끼고 싶다면 제너럴 열차 속에 뛰어들어라! 상상 그 이상을 보게 될 테니.

나는 수면제를 먹은 사람처럼 깨지도 않은 채 머리를 좌우로 흔들며 달왁이라는 마을을 지나, 후블리까지 무사히 도착했다.

함피에 가기 위해서는 후블리부터 호스펫까지 기차를 타고 가야 했다. 슬리퍼 칸을 타고 싶었는데 어째 낡아빠진 슬리퍼 칸마저도 전부 매진되어 있었다. 하는 수 없이 기차역에서 노숙을 해야 하는 것인가…. 그렇게 낙심하고 있자 티켓 사무소에서 슬리퍼 칸보다 낮은 등급인 제너럴 티켓은 남아 있다며 우리에게 35루피(700원)짜리 표를 건넸다. 고아에서 슬리퍼버스를 타고 함피까지 가려면 최소 550루피가 드는데, 현지 버스와 싸구려 기차를 타고 가려니 200루피도 채 안 들었다. 물론 몸은 고생하겠지만… 가장 낮은 칸에 탑승하는 것도 나름 신선한 경험일 테지.

아니, 말을 정정해야겠다! 열차는 아주 가관이었다. 바퀴벌레가 아무렇지 않게 떼를 지어 좌석 위를 기어다녔고 화장실에는 생쥐가 오도도 돌아다녔다. 사람들은 머리 위, 짐을 올려놓는 선반에 기어 올라가 누워서 자거나 일반 좌석 아래 몸을 웅크리고 누워 있기도 했다. 35루피의 값싼 표였음에도 기차역에 기차가 정차해 있자 승강장에 서 있던 사람들은 창문 근처에 앉아 있던 나의 티켓을 훔쳐가려고 너도나도 아우성이었다. 아무리 봐도 이건 한마디로 아수라장이었다.

망했다. 이 열차를 4시간 동안 대체 어떻게 타고 가야 할지 막막했다. 핸드폰은커녕 카메라도 가방 밖으로 꺼낼 수가 없었다. 35루피짜리 표도 훔쳐가려고 하는데, 열차가 신기하다며 카메라를 함부로 꺼냈다가는 모두의 시선이 나에게 집중될 것만 같았다. 그렇지 않아도 현지인밖에 없는 제너럴 칸에서 커다란 배낭을 들고 탄 것만으로 우리는 기차 안의 슈퍼스타가 되어 있었기 때문이다.

시간이 지나자 처음에는 그토록 불편하던 기차에도 점점 적응이 되기 시작했다. 바퀴벌레는 여전히 싫었지만 인도의 바퀴벌레는 영양부족으로 왜소해서 그런지 오히려 귀엽다는 생각마저 들었다. 바퀴벌레가 지나다니고, 생쥐가 나를 쫓아다녀도, 여긴 인도니까. 노 프라블럼.

📷. 신들의 공기놀이

고생 끝에 도착한 함피는 고생한 게 무색할 정도로 마법 같은 곳이었다. 돌산으로 둘러싸인 함피에는 석양을 내려다볼 수 있는 선셋포인트가 많았다. 우리는 근교에 가장 좋은 선셋포인트를 찾아나서기 위해 스쿠터를 빌릴 계획을 세웠다.

물론 스쿠터는 타본 적 없었지만 자전거도 잘 타고 운전면허증도 있다는 왠지 모를 자신감에 렌탈숍에 찾아가 대뜸 스쿠터를 빌려달라고 했다. 하지만 처음 타는 사람한테는 절대 빌려줄 수 없다며 가게 주인은 고개를 저었다. 오랜 설득 끝에 그는 스쿠터 타는 법을 가르쳐주고 잘 따라 하겠다 싶으면 스쿠터를 빌려주겠다고 했다.

몇 번의 시도 끝에 나는 스쿠터를 타는 법을 배우게 되었다. 소이를 내 뒤에 태우고 울퉁불퉁한 돌길을 따라 큰 도로로 나갔다. 아직 능숙하게 운전할 줄 몰랐기에 나는 경치를 즐길 여유도 없이 앞만 보고 가야 했다. 대신 소이가 네비게이션처럼 뒤에 차가 온다든지, 옆에 아름다운 풍경이 있다든지 하는 소소한 정보를 재잘재잘 전달해주었다.

우리는 달리면서도 렌트한 스쿠터에 작은 흠집이라도 날까 봐 항상 주의를 기울여야 했다. 만약 작은 흠집이라도 냈다가는 사기꾼투성이인 인도에서 덤터기를 면치 못할 것이 뻔했기 때문이다.

힘겹게 스쿠터를 몰고 간 함피 외곽에서 꽤 괜찮은 선셋포인트를 발견했다. 올라가는 길이 제대로 마련되어 있지는 않았지만 돌들을 밟고 바위를 넘어가면 된다. 정신을 놓고 다니지만 않는다면 발목을 삐거나 다치는 일은 없을 것이다.

돌산의 한적한 바위 밑 틈새에서는 사람들이 햇빛을 피해 낮잠을 자고 있었다. 반쯤 올라왔는데 벌써부터 함피의 전경이 한눈에 내려다보였다. 우리를 빼곡히 둘러싸고 있는 돌산들이 선명하게 눈에 들어왔다. 올라오기 전에는 그렇게나 커 보이던 돌산들이 위에 올라와서 보니 공깃돌을 쌓아놓은 것처럼 작아 보였다.

온 힘을 다해 돌산의 정상에 올라섰다. 37도의 해가 정수리 위에 떠 있는 낮 2시라 언제 쓰러져도 이상하지 않을 정도로 우리는 더위에 지쳐 있었다. 하지만 정상에서 내려다보는 전경은 숨이 멎을 정도로 신비로웠다. 믿기지 않을 정도로 신비한 경치. 이게 꿈이 아니라니. 몇 번을 봐도 경이로운 함피의 풍경에 온전히 매료되어 올라오느라 힘들었던 기억은 전부 잊혀졌다. 수만 그루의 빽빽한 열대나무숲과 사원들을 바라보며 감동의 도가니에서 허우적거렸다. 마치 어딘가에 산신령이 살고 있을 것만 같은…. 자연이 만들어낸 장엄한 모습은 어떠한 말로도 표현할 수가 없을 것이다.

아무 데나 흩뿌린 바위들이 층층이 쌓인 것처럼 눈앞의 풍경은 몹시 기묘했다.
마치 세상에 존재할 수 없는 풍경처럼.

다시 홀로

소이와 나는 돌산을 앞에 두고 인도에 오길 정말 잘했다며 서로를 부둥켜안았다. 하지만 우리가 서로 다른 길로 걸어가야 할 시간은 점점 다가오고 있었다. 사실 언젠가 장기여행을 해보고 싶었지만 그 기회가 이렇게 빨리 다가올 줄은 몰랐다. 처음엔 그저 내가 그토록 가고 싶었던 인도가 특가를 하는 기회로 시작한 여행이었다.

하지만 왠지 지금이라면 휴학을 하고, 배낭 하나 둘러메고 더 멀리 떠날 수 있을 것 같았다. 비록 다른 여행자들처럼 많은 경비를 모아놓은 건 아니었지만 어떻게 잘 아끼다 보면 남은 잔고 400만 원으로 4개월은 더 여행할 수 있을 것 같았다. 소이는 한국에 돌아가야 했지만 나는 여행을 이어나가기로 결심한 뒤 바로 휴학 신청을 해버렸다.

우리의 마지막은 첸나이에 가는 기차에서였다. 함께했던 인도여행의 추억이 주마등처럼 스쳐 지나갔다. 이 순간을 고스란히 느끼고 싶어서 콩닥콩닥 뛰는 가슴을 안고 창문 밖만 쳐다보았다. 처음 콜카타에 도착했을 땐 무섭기만 했던 기차도, 현지인들과 시간만 나면 투닥투닥 싸우던 것도, 전부 익숙해져 일상이 되어버렸는데, 이제는 인도를 놓아야 할 순간이 온 것이다. 한편으

로는 이 지긋지긋한 인도에서 벗어난다는 게 후련하기도 했고 새로운 나라를
여행한다는 설렘과 기대감이 나를 들뜨게 했다. 그러나 여전히 마음 한구석
은 인도의 색으로 진하게 물들어 있었다.

속이 후련했다. 이제야 내가 그동안 갈망하던 꿈을 잡을 수 있을 것만 같았다.
왠지 지금이 아니면 앞으로도 못 할 것 같은 생각이 간절하게 들었기 때문일 것이다.

게스트하우스의 옥상에서 내려와 방에 들어가려는 중 벽면에 쓰여 있는 글귀를 발견했다.

Travel 여행하라

as much as you can 할 수 있는 만큼

as far as you can 멀리 갈 수 있는 만큼

as long as you can 오래 할 수 있을 만큼

life's not meant to be 인생이란

lived in one place 한곳에서만 머무는 것이 아니다

여행을 떠나기 전까지는 정말 많은 고민을 했다. 과연 내가 지금 이 시기에 휴학을 하는 게 맞는지. 옳은 일인지. 여행을 떠나는 게 정답일까. 나는 오답을 향해 가고 있는 것이 아닌가 하는 불안감이 비행기를 타기 직전까지 내 옆을 계속해서 맴돌았다.

하지만 지금 이 순간만큼은 어떠한 걱정도 들지 않았다. 그저 내가 지내던 일상을 떠나 이곳에 와 있는 것만으로도 충분했다. 나는 앞으로 남은 시간 동안 할 수 있을 만큼 여행할 것이고 멀리 갈 수 있는 만큼 떠날 것이다. 내 발이 이끄는 대로 세계를 구석구석 누비고 다니고 싶다.

카우치서핑 첫 도전!

공항에서의 노숙

고요한 새벽 1시, 이스탄불 공항은 떠나고 돌아오는 사람들로 북적거렸다. 이제 본격적인 여행이 시작된다는 기분에 배낭을 고쳐 메고 입국장을 빠져나왔다. 새벽이라 시내로 가는 지하철도, 버스도 전부 끊긴 상태였다. 하는 수 없이 가벼운 마음으로 공항에서 노숙을 하기로 했다. 사람들이 지나다니지 않는 공항 한구석. 다이소에서 천 원 주고 신 땡땡이 무늬의 샤워커튼을 돗자리 삼아 바닥에 깔았다. 그리고 그 위에 오리털 침낭을 깔고 안에 쏙 들어가니 여느 침대 부럽지 않았다. 목베개까지 베고, 혹여나 누가 내 배낭을 훔쳐갈까 배낭 위에 두 다리를 올린 채 다리를 쭉 펴서 편안한 자세를 찾았다.

'여행을 떠나기 전에는 내가 이렇게 아무 곳에서나 잘 자는 사람인 줄 몰랐건만….'

침낭을 머리 꼭대기까지 덮어쓰고 숨만 겨우 쉴 수 있도록 코만 내놓은 채 잠을 청했다.

그 찰나의 시간 동안 나는 꿈속에서 세계여행을 하고 있었다. 너무나 달콤했던 꿈. 깨어난 순간 아쉬움에 손을 휘휘 내저었지만 이내 얼굴에 미소가 피어올랐다. 상상에 불과했던 나의 꿈은 이제 곧 현실이 될 것이다.

카우치서핑 SIGN IN

 여행을 떠나기 전부터 현지인 집에서 무료로 숙박을 해결할 수 있다는 카우치서핑에 호기심이 생겼다. 문화도 배우고, 잠도 공짜로 자고, 일석이조잖아!? 카우치서핑을 먼저 해본 여행자들에게 모르는 것도 많이 물어보곤 했는데…. 솔직히 타지에서, 그것도 혼자 모르는 사람의 집에 간다는 게 걱정이 되지 않을 터가 없었다. 그러나 다른 여행자들도 터키에서 아무 탈 없이 카우치서핑을 했다는 희망 어린 말을 듣자 용기가 솟아났다. 그래! 다른 사람들도 하는데, 똑같은 사람인 나도 할 수 있겠지, 뭐. 한번 도전해보자! 위험하다 싶으면 바로 도망쳐 나오면 되지 않을까? 생각을 마친 뒤 바로 컴퓨터를 켜고 카우치서핑 사이트에 가입하고 프로필도 완벽하게 작성해두었다.
 그리고 대망의 이스탄불에 도착하기 2주 전, 카우치서핑 사이트에 글을 남겨두었다.

 HI! everyone =) This is Mikyung Lee. I'm planning to travel Istanbul on March xxth. I really want to get into Turkish local life and experience Turkish culture. If anyone is available to host me, please send me a message. Hope to see you!

출국 바로 전, 사이트에 다시 접속했다. 헉. 이거 진짜야?! 200개의 초대 메시지가 와 있었다. 그러나 기대를 잔뜩 품고 창을 연 내 눈에 들어온 건 치근덕대는 터키인들의 속이 훤히 보이는 메시지들뿐이었다. (물론 그중에는 괜찮은 사람들도 있었겠지만…) 이왕이면 처음 하는 카우치서핑, 제대로 된 호스트를 만나 좋은 추억을 남기고 싶은데 어째 이런 음흉한 메시지를 보내오는 호스트밖에 없단 말인가. 터키에서 카우치서핑을 하는 건 무리인가… 실망한 채 창을 내리던 중 한 여자아이를 발견했다.

'Kamar'라는 이름의 터키인!! 그녀는 나와 동갑내기였고 한국어를 독학하는 중이라고 했다. 직접 만든 한국 이름도 있다던데 샛별이라고 한단다. 반가운 마음에 바로 답장을 했고, 몇 번의 연락 후 만나기로 했다.

나의 첫 호스트와!

Gia Mikyung Lee

Seoul, KOREA

CURRENT MISSION

I love to make foreign friends and want to meet local people!

About   My Home   Photos **9**   References **40**   Friends **82**   Favorites **12**

ABOUT ME

Hi! My name is Mikyung Lee and you can also call me Gia. :)
People have hard time pronouncing my name "Mikyung" so I made English name "Gia." You can call me either way. I am 21 years old and I love to travel. I am a very talkative and cheerful person. I am very friendly, dynamic, curious, and a dreamer.

Why I'm on Couchsurfing

#biking, #cooking, #baking, #movies, #instagram, #disney, #reading, #arts, #camping, #comics, #makingfriends, #music, #dance, #photography, #soccer, #coffee, #traveling, #hitchhiking, #languages, #history

Music, Movies and Books

Love Electronic and new age music ♪
Favorite artists are Avicii, Skrillex, Daishi Dance, Iruma, Maroon 5, Aziatix. My favorite movies are 'Wanted,' 'Begin Again,' and 'Inception.' These movies are incredible !! :-)

One Amazing Thing I've Done

I traveled around Europe for about 3 months and visited 13 countries and 55 cities. It gave me unforgettable and fantastic memories. I dived from the cliff of Dubrovnik, Croatia. In Switzerland, I did canyoning and paragliding which were incredible experiences. I met about 150 people while traveling. It was my first time traveling alone for such a long period of time and I lived every moments!!

Teach, Learn, Share

Live the Life you Love, Love the Life you Live ♥
This is my favorite quote. I enjoy my life and love to have fun.

What I Can Share with Hosts

I can teach you Korean :−)
If there is ingredients available, I can cook Korean dishes.
Doing dishes and cleaning is no problem. :−)
If you want to listen about the dynamic Korean life story, I can tell you!

Countries I've Visited

Albania, Andorra, Armenia, Austria, Belgium, Bosnia and Herzegovina, Bulgaria, Cambodia, Canada, China, Croatia, Czech Republic, Denmark, Egypt, El Salvador, France, Georgia, Germany, Greece, Hungary, India, Iran, Italy, Japan, Kosovo, Laos, Luxembourg, Macedonia, Malaysia, Montenegro, Morocco, Netherlands, Poland, Portugal, Romania, Scotland, Serbia, Slovakia, Slovenia, Spain, Switzerland, Thailand, Turkey, United Kingdom, United States

Countries I've Lived In

South Korea

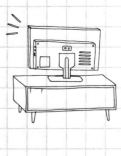

Hello poochita! =)

My name is Mikyung Lee, 21-year-old hitchhiker from South Korea!

I'm currently travelling all around the world for 11 months and finally going to Bangkok to experience Thai culture. I am very interested in learning about new culture and local life.

So I really want to stay in Thai family house and to get into the local life!!!! I can teach you Korean culture and language and tell you about my travelling stories!!

I will be happy to hear from you! Thanks.

PS. I also want to experience university life in Thailand!

카우치서핑 주의점

☑ 보통 2~3일, 빠르면 일주일 전 메시지를 발송한다.
대도시일수록 일찍감치, 소도시의 경우 당일도 무관.
(단, 너무 이르게 보낼 경우 호스트와 여행자의 계획이
어긋날 수 있다)

☑ 리퀘스트에 대한 호스트들의 답장 중, 성격이 가
장 잘 맞고 안전해 보이는 호스트를 고른다.
(내 레퍼런스가 많을수록 신뢰도가 높아져서인지
더 많은 호스트들에게 긍정적인 답장이 온다.)

☑ 호스트의 레퍼런스를 꼼꼼히 읽어볼 것.
프로필을 정성스럽게 쓴 호스트를 찾는
것이 좋다.

☑ 카우치서핑에는 호스트 외에도 그 도시에서 열리는 다양한 이벤트 프로그
램들이 게시된다. 요리 프로그램, 즉흥 연극, 랭귀지 스쿨, 프리워킹 투어,
회화 스터디, 요가, 춤 등 매주 다양한 오프라인 모임이 열린다. 본인이 이
벤트를 직접 개설할 수도 있다.

(ex : 이스탄불 시내에서 중고 옷
을 교환하는 플리마켓을 열었다.
대부분 커피나 맥주값을 제외한
비용은 무료이나 프로그램에 따
라 소정의 돈을 지불해야 하는
모임도 있다.)

첫 터키인 친구, 첫 호스트

3월의 공항은 쌀쌀했지만 어느덧 아침은 밝아왔다. 이른 아침 출국장에는 여행을 시작하는 사람들의 흥분감이 감돌고 있었다. 사방에서 시끄러운 소리가 들려오기 시작했다. 캐리어 바퀴가 굴러가는 소리, 설렘에 가득 찬 외침, 서로를 꽉 안은 채 전하는 작별인사. 나 역시 짐을 챙겨 분주한 공항을 나섰다.

'여자는 카우치서핑을 구하기 쉽잖아. 남자는 구하기 힘들걸?'

카우치서핑 이야기를 꺼낼 때면 항상 듣는 소리다. 물론 내 경험에 의하면 여자가 카우치서핑을 구하기 쉽다는 것에는 동의한다. 아무래도 남자 호스트도 여자 게스트를 선호하고, 여자 호스트도 여자 게스트를 선호하기 때문이다. 그러나 호스트를 구하기 쉬운 만큼 선택에 있어서 보다 더 신중해야 하고, 또 조심해야 한다. 호스트를 선택한 뒤의 책임은 온전히 자신의 몫이며 남은 여행의 분위기까지 좌우하게 되기도 하니까.

나는 공항철도를 타고 약속했던 장소로 샛별이를 만나러 갔다. 사진으로밖

에 못 봤지만 한눈에 알아볼 수 있었다.

아무것도 모르는 나는 그녀를 쫄래쫄래 따라 집까지 왔다. 일단 현관을 지나 거실까지 도착했는데 어떤 행동을 해야 할지 몰라서 우왕좌왕했다. 카우치서핑 초보자인 나에게는 모든 게 새로웠고 모르는 것투성이였다.

'밥은 각자 요리하는 걸까? 잠은 어디서 자면 되는 거지? 화장실도 쓸 수 있는 거겠지? 시내에 나갈 때는 어떤 버스를 타야 하는 걸까…?'

일단 거실에 배낭을 조심스레 내려놓고 안절부절하며 소파에 앉았다. 온 가족이 나를 쳐다보고 있으니 괜히 긴장이 되었다. 잔뜩 눈치를 보고 있을 무렵 샛별이가 터키식 커피를 내왔다.

"어제 제대로 못 자서 피곤하겠다. 아직 아침도 못 먹었지? 같이 먹자!
아니다. 먼저 씻고 올래? 와이파이 비밀번호도 알려줄게. 부모님께 도
착했다고 연락드려. 걱정하시겠다."

샛별이는 소파에 앉아 커피를 마시며 이스탄불에 대해 설명해주었다. 집에
서부터 시내까지 가는 버스와 시간표를 종이에 적어주었고, 가이드북을 펼쳐
놓고 꼭 가야 하는 곳은 물론 숨겨진 맛집들까지 표시해주었다.

카우치서핑. 소파를 서핑한다는 의미에 걸맞게 나는 거실의 소파에서 고양
이들과 한 공간을 쓰게 되었다. 샛별이네 가족은 내가 불편한 건 없는지 하나
하나 친절하게 신경을 써주셨다. 그러나 처음 하는 카우치서핑이라 모든 게
익숙지 않았다. 마음을 편히 먹으려 해도 생판 모르는 나를 집에 초대해준 것
에 의심을 갖지 않을 수가 없었다. 그래서 첫날은 온통 긴장 상태로 꼿꼿하게
앉아 있었다. 하물며 샤워를 하러 화장실에 들어갈 때도 물건이 사라질까 봐
걱정이 됐다. 결국 중요한 물건들을 몽땅 보조가방에 넣어 화장실까지 들고
가는 수고를 해야만 했다.

하지만 그것도 잠시, 여행을 떠나기 전에 적어놓았던 첫 번째 버킷리스트
인 카우치서핑에 순조롭게 적응해가기 시작했다. 그것은 그저 무료로 잠자리
를 해결하는 방편이 아니라 집주인과 손님의 관계를 넘어서 서로 간의 문화
를 교류하는 장이었다. 단순히 랜드마크를 보는 것에서 끝나는 여행이 아니
라 터키 사람들은 어떤 생활을 하며 살아가는지 옆에서 보고, 함께 경험하는
색다른 재미를 느낄 수 있는 여행으로 만들어준 것이다. 또한 호스트와 마음
이 잘 맞는다면 국적을 불문하고 다양한 주제로 이야기를 나누며 좋은 친구
가 될 수도 있다.

그들에게는 단지 일상의 일부분이겠지만 나에게는 특별하고도 새로운 하

루하루. 친절했던 샛별이와 그녀의 가족들 덕분에 낯설고 새로운 도시에서 가장 먼저 의지할 수 있는 사람이 생겼고, 카우치서핑에 갖고 있던 편견과 걱정을 깨준 것 역시 나의 호스트 샛별이었다.

동갑내기였던 우리는 시간이 지날수록 더 친해졌다. 내 첫 터키인 친구이자 첫 호스트로서 소중한 기억을 심어준 샛별이 덕분에 용기를 갖고 계속해서 카우치서핑을 이어나갈 수 있었다. 이스탄불에 오랫동안 머무르며 그녀와 우정을 더 쌓고 싶었지만 벌써 떠나야 할 시간이 되었다. 아쉬운 작별인사를 하고, 나는 작은 어촌마을인 아마스라로 향하는 야간버스에 올랐다.

헤어지는 것에 익숙하지 않아 눈물이 찔끔찔끔 새어 나왔다. 바쁜 와중에도 그녀는 나를 버스정거장까지 배웅하러 나왔고, 우리는 약속을 했다.

'연락 계속 하자. 친구야!'

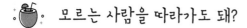

모르는 사람을 따라가도 돼?

작은 항구마을 아마스라에서 돌무쉬를 타고 흑해의 전통마을인 사프란볼루로 향했다. 올드타운의 굽이진 골목길을 쭉 따라 언덕을 올라가다 보니 성벽이 나왔다. 성벽에 걸터앉은 채 목조건물들로 이루어진 구시가지를 내려다봤다. 어디선가 꽃향기가 풍겨왔다.

마을의 전경을 한참 내려다보고 있을 때, 내 또래로 보이는 터키인 커플이 다가오더니 말을 걸어왔다.

"너 여행 중인 거니? 지금 슈거캐넌에 가려는 길인데 올드타운을 다 둘러본 거라면 너도 같이 가지 않을래? 정말 아름다운 곳이야. 같이 가면 재밌을 거야!"

기쩸과 알리라는 이름의 그들은 카라북대학교에 다니고 있는 캠퍼스커플이었다. 데이트를 하러 나왔다가 외국인은 처음 본다며 자신들의 데이트에 나를 합류시키고자 했다. 따라갈까, 말까. 잠시 고민했지만 커플의 인상이 좋아서 한번 믿어보기로 했다. 일단 용기를 내서 차에 올라타긴 했는데 완전히 마음이 놓인 건 아니었다.

얼핏 봐도 새내기처럼 보이는 여자애가 보조석에 앉아 자꾸 말을 걸어왔지만 혹시 납치라도 당하는 건 아닐까 긴장되어 건성으로 대답을 했다. '무슨 일이 생긴다면 차에서 뛰어내려야겠다…!' 생각하며 오른손으로 문손잡이 꽉 잡은 채 머릿속으로 온갖 시뮬레이션을 했다. 차는 계속 산속을 향해 굴러갔다. 아찔해졌다.

'제대로 가는 건 맞겠지?'

무서워서 차를 타고 가는 내내 창밖을 힐끗거렸다. 다행히도 제대로 된 장소에 도착했나 보다. 얼떨결에 도착한 슈거캐년은 내 우려와는 다르게 무척이나 아름다운 곳이었다.

"사실 이곳이 사프란볼루에서 가장 멋진 곳이야. 그런데 대중교통이 없어서 관광객들은 이런 곳이 있는지도 모르더라고. 사프란볼루까지 왔는데 슈거캐년을 못 보고 가는 건 안타까워서 꼭 보여주고 싶었어!"

해맑게 웃는 그녀를 보니 모든 걱정이 눈 녹듯 사라졌다. 오히려 의심했던 내가 미안해졌다. 우리 셋은 숨겨진 명소인 슈거캐년과 크리스탈 테라스에 들렀다가, 전망대 카페에서 차를 마셨다. 탁 트인 산속 전망을 즐기며 수다를 떨다 보니 어느덧 시간은 훌쩍 흘러버렸다. 기젬과 알리는 이제 수업을 들으러 학교로 돌아가야 한다며 자리에서 일어날 준비를 했다.

"저기! 혹시 실례가 되지 않는다면 나도 학교를 구경하러 가도 되니?"

기젬은 기다렸다는 듯 같이 가자며 방방 뛰며 신나 했다. 결국 다 같이 차를 타고 대학교 정문을 지나 캠퍼스 안으로 들어갔다.

공대생이었던 알리는 수업을 들으러 갔고, 나는 기젬을 따라 영문과 수업을 들으러 왔다. 그녀는 처음 사귄 외국인 친구가 마음에 들었는지 캠퍼스를 걷다 친구들을 마주치면 나와 만난 이야기를 자랑하듯 늘어놓았다. 이야기를 듣고 있던 친구들도 외국인이 신기한지 궁금증 가득한 눈빛으로 나를 쳐다봤다.

기젬을 따라 들어간 영문법 수업. 외부인이 멋대로 청강을 해도 되나 걱정하고 있을 무렵, 그녀가 발 빠르게 교수님께 양해를 구했다. 얼떨결에 나는 그녀의 옆자리에 앉아 수업을 듣게 되었다. 학생들에게 퀴즈를 나눠주던 교수님은 강의에 집중하는 나의 모습이 기특해 보였는지 나에게도 한번 봐보라며 문제지를 건네주셨다. 자연스럽게 다른 학생들과 함께 퀴즈를 쳐버렸다. 알고 보니 이번 주는 시험기간이더라. 시험기간인데 나랑 이렇게 놀아도 되는 거야!? 하긴 나도 새내기 때는 공부를 안 하긴 했지….

이느덧 다음 목적지로 가는 버스를 타야 할 시간이 나가왔다. 기젬과 알리는 수업이 끝나는 대로 나를 데리고 주차장으로 향했다. 친절하게도 버스정거장까지 데려다주었는데, 가는 길에 먹으라며 간식거리도 품에 잔뜩 안겨주었다.

온종일 나를 데리고 돌아다닌 것도 모자라 배고픔까지 걱정해주다니. 기젬과 알리의 훈훈한 인심에 감동을 받았다. 올드타운을 보러 간 사프란볼루에서 우연히 그들을 만나 여행의 한 페이지를 공유하게 될 줄이야. 여행이나 일상에 찾아온 자그마한 변화와 우연은 뜻밖에도 우리의 삶을 더욱 특별하고, 풍성하게 만들었다.

'마음이 몽글몽글해지는 하루를 선물해줘서 고마워. 너희들을 만나서 오늘도 행복했지 뭐야.'

타투이스트 쥬네이트

　어느새 나는 흑해의 보석 트라브존에 다 와가고 있었다. 이번에 는 이성 호스트였다. 아무래도 익숙한 동성이 아닌 이성 호스트는 처음이라 어찌나 긴장이 되던지. 그의 집에 들어가기 전에 친구들에게 호스트 쥬네이 트의 집주소와 프로필을 보내놓았고, 여차하면 통화 버튼을 누르려고 영사 콜센터 번호까지 핸드폰에 찍어놓은 채 현관문을 열었다.

　그가 사는 곳은 방 2개에 거실이 딸린 집이었는데, 엄밀히 말하자면 타투 스튜디오였다. 거실은 타투숍의 사무실 겸 손님들이 타투 시술을 기다리는 장소였고, 그 외에 침실 1개, 타투 시술실, 샤워실, 화장실 그리고 부엌이 있었 다. 내가 잘 곳은 거실의 소파였다. 낮에는 손님들의 대기 장소로 쓰이던 소 파는 펼치면 퀸사이즈의 침대로 변신이 가능했다. 타투숍이 영업 중일 때는 의자로 사용하고, 영업이 끝나면 침대커버를 씌우고 그 위에 베개를 베고 드 러누웠다. 소파침대라 불편할 것 같았지만 보통 침대만큼이나 폭신했다. 쥬 네이트는 추울지도 모른다며 장롱에서 이불을 두 개나 꺼내 침대 옆에 놓고 방에 자러 갔다.

　이렇게 착한 집주인이었는데도 처음에는 낯선 이성의 집에서 머문다는 생각에 긴장의 끈을 놓을 수 없었다. 그래서 친구들에게 매 시각 상황보고를 하고, 첫 이틀은 잔뜩 걱정을 하며 마음을 졸이는 통에 혹시 모를 상황에 대비하여 샤워실까지 핸드폰을 들고 들어가곤 했다. 그런데 시간이 지날수록 희한하게도 그의 집은 내 집처럼 편안한 장소가 되어버렸다. 아마 그가 신뢰할 만한 사람이라 확신했기 때문인 것 같다.

쥬네이트는 아침식사 시간을 제외하면 10시부터 6시까지 작업으로 정신이 없었다. 근교 관광지를 모두 섭렵하고 나니 심심했던 나는 타투숍에서 그를 돕기 시작했다. 그의 고객들 중 영어를 할 줄 아는 사람은 거의 없었다. 그나마 영어를 할 줄 아는 고객도 "하우 알 유" 정도만 할 줄 알았다. 쥬네이트를 제외하면 어느 누구하고도 영어가 통하지 않았기에 나는 어쩔 수 없이 터키어를 배워야 했다.

고맙게도 쥬네이트의 친구들은 심심해 미치겠다는 표정으로 소파 한구석에 앉아 있는 날 잡아 끌고는 카페로 데려갔다. 앉혀놓고 따뜻한 현지식 차를 사오더니 터키어 강습을 시작했다. 고맙기는 했다만 하루 종일 터키어만 들어서 그런지 울렁증이 생길 것 같았다. 머리가 지끈지끈. 몇 시간 동안 테라스에 앉아서 날씨에 대해 설명하는 법, 인사하는 법, 변태가 나타나면 소리지르는 법 등 유용한 생활 터키어를 잔뜩 배웠다. 윽, 머리가 과부하에 걸리겠어.

쥬네이트가 일을 마치고 나면 노천식당에서 케밥을 먹거나 그의 친구들과 맥주집에 갔다. 마당발인 쥬네이트 덕분에 일주일간 몇십 명의 현지인들과 안면을 튼 건지. 맨날 그의 곁을 졸졸 따라다니다 보니 나도 어느새 동네의 유명인사가 되어버렸다. 전날 시술을 받으러 왔던 터키인들은 나랑 노는 게 재미있다며 아예 커피를 사들고 스튜디오 거실에 눌러앉아버렸다.

현지인들과 일상을 나누는 하루하루가 즐거웠다. 여행을 하며 조심해야 할

'역시 카우치서핑을 선택하길 잘한 것 같아.'

건 한두 가지가 아니지만 어쩌면 지나친 의심은 많은 기회를 놓치게 되는 건지도 모른다. 매 순간 조심하되 가식 없는 친절에는 나도 마음을 활짝 열어도 되지 않을까.

✈ 조지아는 커피 아니었어?

버스의 바퀴는 흑해 연안을 따라 잘도 굴러갔다. 터키의 국경을 지나 조지아 국경에 도착했다. 국경 너머로 조지아의 차가운 공기가 맴돌았다. 사실 조지아라는 나라의 이름이 생소하게만 느껴졌던 건 나뿐만이 아닐 것이다.

'얘들아, 나 조지아에 갈 거야'라고 했더니 한국에 있는 친구들은 '조지아가 커피브랜드 아니었어?'라며 웃곤 했다. 이곳엔 무엇이 있을지, 나 역시 호기심을 잔뜩 안은 채 조지아의 국경까지 오게 된 것이었다.

국경 너머 펄럭이는 하얀색 국기를 보니 내 마음도 왠지 모를 설렘으로 일렁였다. 이 땅을 넘으면 조지아라니! 엇, 그런데 갑자기 비가 내리네? 국경 검문소 지붕 아래에서 비를 피하다가 조심스레 다른 사람들을 따라 검문소의 긴 복도를 걸었다. 아무리 봐도 동양인은 나 혼자였다. 입국을 기다리는 사람들은 전부 터키인 아니면 조지아인임에 틀림없었다. 진한 흑갈색의 머리카락, 새까만 아치형 눈썹, 시원한 이목구비를 가진 사람들.

육로로 국경을 넘는다는 게 낯설고도 신기해서 사방을 두리번거리고 있으니 사람들이 흘끔흘끔 쳐다보았다. 떨렸다. 혹시라도 입국을 거절당하게 될까 봐. 그러나 생각보다 입국은 빠르게 진행됐다. 별다른 질문 없이 내 여권을 받아가더니 새 그림이 그려진 초록색 스탬프를 쾅 찍어주었다. 조지아의 출입국 사무소를 무사히 통과해 밖으로 나오니 핸드폰 시간이 바뀌어 있었다. 분명 몇 분 전만 해도 1시간 전이었는데 이 건물을 지나자 1시간이 공중으로 사라졌다.

이제 나는 조지아에 있는 거야!

트빌리시에서 겨울나기

그 무렵 조지아는 아직 봄의 기운이 완연하게 다가오지 못하고 초겨울 날씨처럼 추웠다. 대문의 손잡이조차 얼음장처럼 차가운 날이었다. 숙소 현관을 열고 들어가니 호스텔보다는 가정집 분위기가 물씬 풍겼다. 엘리제 아주머니는 추위에 오들오들 떠는 나를 보더니 설탕을 듬뿍 넣은 따뜻한 조지아식 커피를 타주셨다. 조지아의 날씨는 생각했던 것보다 더 추웠고, 수중에 따뜻한 옷이 없었던 나는 오리털 침낭 안에 몸을 구겨 넣고는 소파에 누워 애벌레처럼 꼼지락거렸다.

쌀쌀하고 비가 오는 날들의 연속이었지만, 숙소에서 히터를 따뜻하게 틀어놓고 거실에서 다른 여행객들과 담소를 나누는 건 시간 가는 줄 모를 만큼 재밌었다. 뜨거운 히터를 쬐며 책을 읽고, 다 읽은 책은 다른 여행자의 책과 교환하기도 했다. 밖에 나갈 때면 패딩 대신 오리털 침낭을 어깨에 두르고 근처 슈퍼를 들락날락하며 먹을 것을 사와 요리를 하며 보냈다. 날씨가 구렸지만 집이 너무 편해서, 우리 집 같다는 느낌이 들었다. 밖에 나갔다 오면 따뜻한 물로 차갑게 얼었던 손을 녹이고, 양말을 빨아 히터 위에 걸쳐놓고는 커피를 마시며 소파에 한껏 늘어졌다. 매일 마셨던 조지아식 커피는 아직까지 향이 기억날 만큼 강렬했다.

그곳은 그렇게 따뜻하고도 아늑했다. 그래서 조지아의 냉기에 버틸 수 있었던 거야.

> 따뜻한 침낭 속
> 따뜻한 커피
> 따뜻한 거실
> 따뜻한 털양말
> 따뜻한 사람들
> 따뜻한 고양이

트빌리시에서는 소소한 모든 것들이 그냥 좋았다. 추운 날씨도 사랑스러울 만큼, 언제라도 다시 돌아오고 싶은 집 같은 곳이었다. 오랜만에 따뜻한 곳에 늘어지니 마치 이곳에 착 달라붙은 듯 꼼짝도 하기 싫었다. 애쓰지 않아도 행복한 것들이 많아서, 순간순간 무척 행복했던 것 같다. 이곳을 떠나면 이 집의 그리운 향기가 다시 나를 부를 것 같다.

홀로 남은 트빌리시의 마지막 밤. 항상 여행객들로 북적이던 호스텔에 손님은 나뿐인 밤이었다. 6인실을 혼자 쓰려니 왠지 허전한 느낌이 들어 거실에 나와 엘리제 아주머니와 얘기를 하며 보냈다. 평소라면 같은 숙소였던 타케시, 아키와 같이 동네 슈퍼에서 저녁 장을 보고 집에 들어왔을 텐데, 그날만큼은 혼자 터덜터덜 밤거리를 걸어왔던 것이다. 왠지 울적해졌다.

호스텔에는 장기 투숙하는 이란 아저씨도 있었는데, 이란 아저씨는 종종 비린내 나는 생선통조림을 드시며 나에게도 먹어보라며 건네곤 했다. 코를 찌르는 냄새 때문에 먹어보지는 않았다. 항상 특유의 말투로 거실에 있던 여행객들에게 큰 웃음을 주던 그였는데 오랫동안 이곳에 머물던 이란 아저씨도 그날만큼은 안 계셨다. 혼자 있는 하루는 뭔가 외롭구나. 정이 깊게 든 사람들과 헤어져야 한다는 건 아쉬웠다. 곧 헤어져야 한다는 것을 인정하고 싶지 않아 멀지 않은 시일 안에 길 어딘가에서 다시 만날 것을 약속한다. 이 약속은 단지 이별의 서운함을 덜어주기 위한 것일 뿐임을 다 알면서도.

혼자 여행을 하려면 나는 더욱 단단해져야만 했다. 단단해지기는 개뿔. 물렁물렁 감정이란 사슬에 얽혀 다른 여행자들을 만나면 반가움에 어쩔 줄 몰라 한다. 혼자이려야 혼자일 수 없는 성격인가 보다.

야무지게 여행하자. 다시 한 번 굳게 다짐을 했다.

새하얀 눈 때문이었을까. 한없이 성스럽게 느껴지는 곳이었다.
고요했던 츠민다사메바 교회의 내부를 구경하고 나오자 긴 여
운이 남았다. 밖에는 눈보라가 휘날리고 있었다. 오는 길에는
보지 못했던 산 아래 마을의 전경이 발아래 펼쳐져 있었다.

코카서스에서 180도 바뀐 여행

봄이 내리다

봄이었다. 따뜻한 봄바람이 불어왔고 아름다운 꽃들이 사방에 만개했다. 아르메니아는 벌써 봄이었다. 버스를 타고 옆 나라로 넘어왔을 뿐인데 봄의 종소리가 들려왔다. 더 이상 비는 내리지 않았고 조지아의 추운 바람을 뒤로한 채 부드러워진 햇빛이 기분 좋게 머리 위로 쏟아졌다. 코카서스의 봄은 이리도 아름답나 보다.

버스터미널에서 내려 주변을 두리번거렸다. 사순치다비드역으로 가야 하는데 아무리 봐도 근처에는 지하철역이 없었다. 일단 시내 쪽으로 걸어갔다. 무거운 가방에 어깨가 짓눌려갈 때쯤 옆 골목에서 한 커플이 사이좋게 내려오고 있었다. 옳거니, 길을 물어보면 되겠다 싶었다.

"사순치다비드역에 가야 하는데 혹시 여기 근처에 지하철역이 있나요?"

"이 근처에는 없고 차 타고 15분 정도 가야 나와. 시내까지 태워줄까? 어차피 우리도 저녁 약속이 있어서 시내에 가려던 길이었거든."

혼자 청승맞게 걷고 있었는데 이게 웬 행운이람. 피곤에 절어 있던 나는 눈을 반짝이며 기쁨의 환호를 질렀다. 커플은 나를 4km 정도 떨어진 리퍼블릭 스퀘어역에 내려주었다. 그리고 지하철 타는 방법을 알려주는 것도 잊지 않았다.

그들에게 감사의 인사를 하고는 지하철을 타고 사순치다비드역으로 향했다. 지하철 시설이 꽤 잘되어 있어서 목적지까지 가는 건 전혀 어렵지 않았다. 역에서 빠져나와 리다 할머니네 게스트하우스를 찾았다. 리다 할머니네는 정식 게스트하우스는 아니었다. 아는 사람만 아는 꽁꽁 숨겨진 보물같이 푸근한 곳. 단점이라고는 화장실이 별로라는 것과 샤워실이 없기에 걸어서 10분 정도 거리에 있는 공중목욕탕에 가야 한다는 점이 있지만 그럼에도 하루 3천 원이라는 파격적인 가격 때문에 장기여행자들 사이에서 블랙홀로 불리는 꽤나 매력적인 장소였다.

리다 할머니댁을 찾는 것은 쉽지 않았다. 왜냐면 간판이 없기 때문이다. 그렇지만 역에서 나와 왼쪽의 큰 골목으로 들어가 아무나 잡고 물어보면 모두 리다 할머니의 집을 알 정도로 유명한 숙소다. 인터넷이 안 되는 건 물론이고 시설도 낡았지만 친할머니댁에 놀러 온 것 같은 편안함이 풍긴다. 겨우 찾은 푸른 대문을 열고 들어가자 인자한 미소의 리다 할머니가 마당에서 빗자루질을 하고 계셨다. 들어가자마자 짐을 대충 풀고는 다시 지하철을 타고 시내로 나섰다.

날이 따뜻해서인지 사람들도 활기가 넘쳤다. 걷기 좋은 날씨였다. 기차역에서 파는 200원짜리 차가운 호떡을 사들고 예레반의 중심지인 리퍼블릭 스퀘어를 돌아다녔다. 평화로운 리퍼블릭 스퀘어에는 시계탑과 분수대가 있었는데 주말 저녁이면 30분간 분수쇼가 펼쳐졌다. 리퍼블릭 스퀘어를 쭉 따라가다 보면 예레반 시내를 한눈에 내려다볼 수 있는 캐스케이드도 나온다.

좀 더 높은 데서 풍경을 내려다보고 싶어서 성큼성큼 서둘러 계단을 올라갔다. 그러다 뒤를 돌아보니 아름다운 경치가 펼쳐져 있었다. 저 멀리 도시의 끝에는 흰 구름으로 몸을 휘감은 채 머리만 내놓은 웅장한 아라라트산이 있었다. 새하얀 산봉우리를 보면 마음이 차분하게 가라앉으며 평온해지곤 했다. 언덕 꼭대기에 걸터앉아 멍하니 풍경을 내려다보고 있으니 어느새 봉우리를 둘러싸고 있던 구름은 어디로 갔는지 사라졌고, 손에 잡힐 만큼 가까워 보이는 아라라트산이 떡하니 버티고 있었다. 사실 예레반 어디에서나 볼 수 있는 풍경이었지만 선명한 풍경을 보기란 여간 쉬운 게 아니었다.

봄이 내리고 있었다.

공짜 택시?

당일치기로 코르비랍 구경을 마친 뒤 허름한 정거장에서 예레반으로 가는 버스를 기다리고 있었다. 사방에는 풀떼기, 양떼구름, 저 멀리 아라라트산이 보일 뿐 아무도 없었다. 버스정거장 사인이랄 것도 없는 낡은 테이블 의자에 앉아 노래를 흥얼거리며 버스를 기다렸다. 그때 아주 낡은 택시가 접근을 해왔다. 뭔가 수상해 보이는 금니의 택시기사는 바디랭귀지로 말을 걸어왔다. 영어를 못해도 뭔가 통하는 게 있잖아?

　　"아가씨, 예레반까지 3,000드람에 어때?"

　　"너무 비싸요. 곧 버스가 오니까 버스 탈 거예요."

　　"아, 그러면 2,000드람! 아니 1,000드람에 깎아줄게."

　　"아뇨. 버스가 더 싸요. 안녕. 난 여기 있을 거야."

　　"어차피 손님을 태우러 예레반에 가야 하니까 그냥 태워줄게. 타."

　　"오? 정말요? 공짜?"

귀가 얇고 순진했던 나는 공짜라는 생각에 신이 나서 한 치의 의심도 없이 천진난만하게 택시에 올라타고 말았다. 창밖은 아름답고 나는 고속도로를 보다 빠르게, 그것도 공짜로 달리고 있었다. 얼마나 아름다운 세상인가.

하지만 인생은 가끔 울퉁불퉁할 때도 있는 법. 아까 전 탈 때는 몰랐는데 택시 창문은 밖에서 안이 들여다보이지 않도록 검은 필름이 붙어 있었다. 게다가 미터기도 달려 있지 않은, 생각보다 더 수상한 택시였다. 뭔가 꺼림칙한 기분이 들었지만 여기는 고속도로 한가운데라며 불안한 기분을 애써 떨쳐버리려 했다.

내 예감이 현실로 나타나기까지는 얼마 걸리지 않았다. 택시기사는 내 몸을 만지려 했다. 손으로 크게 엑스 자를 그리며 단호하게 거부의 표시를 했고 당장 이 차에서 내리겠다고 했다. 알아들었나 싶어 놀란 가슴을 진정시키려는데 '변태는 변태다'라는 말은 과언이 아니었나 보다. 변태 택시기사는 무슨 상상을 했는지 한 손으로 운전대를 잡고 운전을 하는 와중 다른 한 손으로 바지 지퍼를 내리더니 속옷 밖으로 거시기를 꺼내며 나를 향해 음흉한 미소를 짓는 게 아니겠는가.

생각할 겨를도 없이 내 손이 먼저 차 문손잡이를 잡았고 고속도로 한가운데서 달리는 차 문을 활짝 열고 소리를 질렀다.

"Stop this car right now!!!!!!!! 지금 당장 멈춰, 세우라고!!"

그제야 주섬주섬 거시기를 바지 안에 집어넣고 수습을 해보려고 하는 변태 택시기사. 나는 차가 미처 서기도 전에 이미 열려 있던 문밖으로 가방과 함께 쏜살같이 뛰어내렸다. 택시기사는 나보고 미안하다며 다시 타라는 손짓을 했지만 나의 기겁한 표정을 보고는 다시 시동을 걸더니 나에게서 멀어져갔다.

여기는 고속도로 한가운데. 저 멀리 순백의 아라라트산이 날 바라보고 있

었다. 이 와중에도 평온한 풍경을 바라보고 있으니 스스로가 한없이 작아 보였다. 난 정말 할 수 있는 게 하나도 없었다.

에라, 모르겠다. 심호흡을 크게 하고, 고개를 추욱 내리고 엄지손가락을 치켜들었다. 나의 첫 히치하이킹은 이렇게 내가 원했든 원치 않았든 시작되었고, 엄지손가락을 올리기가 무섭게 매끈하게 잘빠진 차가 섰다.

차에는 약간 껄렁껄렁해 보이는 남자 두 명이 있었는데, 역시나 영어를 한마디도 할 줄 몰랐다. 무서웠지만 한 번만 더 믿어보자, 일단 고속도로에서 벗어나 도시까지만 가자, 라는 생각으로 탔다. 다행히도 그들은 출근 중인 경찰관이었고 정말 감사하게도 예레반 기차역까지 안전하게 데려다주었다.

나는 기차역에 도착하자마자 다리가 풀려 땅에 주저앉았다.

이제야 무슨 상황이었는지, 이게 얼마나 위험한 상황이었고, 내가 무슨 일을 당할 뻔했고, 내가 얼마나 안일했던 건지 머릿속에 이해가 되기 시작했다.

다리가 후들후들 떨려왔다. 도대체 무슨 일이 일어났던 걸까. 혹시 차 문이 열리지 않았더라면 난 지금 어디에서 어떻게 되어 있을까. 대체 모르는 사람을 무슨 정신으로 믿었던 것일까.

가만히 기차역에 걸터앉아 마음을 진정시키고 친구를 만나 얘기하며 오늘 있었던 일을 잊어보려고 노력했지만 잊히기는커녕 기억은 더 선명해졌다.

'절대 낯선 차에 타면 안 되겠다.'

다시 한 번 곱씹으며 집으로 향했다. 예레반 기차역에 돌아오는 것 이후로, 더 이상 내 인생에 히치하이크란 없을 것 같았다. 하지만 이날 이후 멘토 두 명을 만남으로써 나의 여정이 본격적인 히치하이크여행으로 거듭날 것이라는 사실을 이땐 전혀 모르고 있었다. 이란, 터키, 이집트, 유럽, 동남아, 일본을 히치하이크로 친구 집인 양 넘나들 줄은 누가 상상이나 했을까. 당시의 나는 몰랐던, 가슴 떨리는 달콤살벌한 여행이 날 기다리고 있었다.

동양인 히치하이커

리다 할머니댁에 도착하자마자 안도감에 다리가 휘청거렸다. 혼자 있으면 잊고 싶은 기억이 더 선명해질 것 같아 사람들과 어울리기 위해 거실로 갔다. 하지만 오늘따라 집에는 사람이 없었다. 매일같이 오던 리다 할머니의 손자, 손녀들도 오늘만큼은 보이지 않았다. 그저 리다 할머니 혼자 편안해 보이는 소파에 기대어 텔레비전을 보고 계셨다. 그때 마침 딱 봐도 예사롭지 않게 생긴 일본인이 거실에 들어왔다. 그는 밝은 표정으로 내 옆자리에 털썩 앉았다. 비록 오늘 처음 본 사람이었지만 내 얘기를 들어주기만 한다면 이 답답함이 사라질 것 같아 통성명을 한 후 은근슬쩍 오늘 있었던 일화를 꺼냈다.

"나… 오늘 히치하이크했는데 큰일을 당할 뻔했어…."
"히치하이커였구나? 나도 가끔 히치하이크를 하거든. 그나저나 무슨 일이야?"

그는 히치하이커였다. 동양인이 히치하이킹을 하는 건 영화나 블로그에서

만 봐왔지, 실제로 보는 건 처음이어서 흥미가 생겼다. 차근차근 이야기를 나눠보는데 어딘가 묘하게 잘 맞는 구석이 있었다.

그는 내 이야기가 끝나기도 전에 소리를 빽 질렀다.

"그 개자식!! 너 괜찮은 거야? 많이 놀랐겠다. 여자 혼자 히치하이크할 때는 조심해야 해. 아무 일도 없어서 정말 다행이다."

그렇게 그와의 묘한 인연은 시작되었다. 지금 와서 생각해보면 그때의 나는 그가 내 첫 번째 멘토가 되어줄 거라고 본능적으로 알아보았던 것 같다. 오토바이를 타고 세계여행을 하고 있다는 그의 이야기를 듣자 그의 모습이 자연스럽게 체 게바라와 오버랩됐다. 심장이 빠르게 뛰기 시작했다. 그의 여행 이야기가 좀 더 듣고 싶어졌다.

우리는 그날 이후로 한동안 같이 다니게 되었고, 나는 며칠에 걸쳐 그의 여행 이야기를 듣게 되었다. 그는 목표가 뚜렷한 사람이었다. 그가 자신의 꿈을 한 치의 의심 없이 당당하게 말하는 순간 그의 눈은 반짝거렸고, 나는 이 사람이 나의 삶을 바꿀 수 있다고 확신했다.

📷. 그 남자의 이야기

　　지금까지 여행을 하면서 내 가치관을 통째로 뒤흔들 정도의 강렬한 인상을 남긴 사람이 딱 한 명 있었는데 오늘 두 명으로 늘었다. 너무너무 눈이 부셔서 일기장에만 고이고이 기록해뒀는데 입이 근질거려서 도저히 혼자만 알고 싶지 않은 멋진 사람이었다.

　　"아빠! 저 프로 레이서가 되고 싶어요."
　　"그러면 영어를 먼저 배워야지! 글로벌 시대라 프로 레이서가 되려면 영어를 배워야 한단다. 미국으로 유학을 가거라."

　　패기 넘치게 자신의 포부를 아버지께 밝혔던 17살 남고생은 도쿄에서 오하이오로 갑작스럽게 유학을 가게 되었다. 미국에서 2년간 레이서 활동을 하다 재정난에 부딪혀 선수활동을 그만두게 되었는데…. 그 후로 진지하게 공부하던 중 여행에 눈뜨며 자퇴를 결심하게 되었다. 그는 자신의 여행 프로젝트 계획안을 작성해 몇몇 회사에 제출했고 700만 원을 지원받을 수 있었다. 지원받은 돈으로 중국에서 110cc짜리 중고 오토바이를 한 대를 마련해 세계일주를 시작했다. 중국에서 베트남, 캄보디아, 태국, 미얀마, 인도를 거쳐 네팔까지 오토바이와 함께 여행을 했다. 이제 파키스탄을 거쳐 이란에 가려던 찰나… 깜빡하고 파키스탄 비자를 받아오지 않았던 것이다. 그는 잘 타던 오토바이를 인도에서 깔끔히 팔아버리고 비행기를 타고 오만에서 아랍에미네이트, 이란을 거쳐 지금은 아르메니아 예레반을 여행 중이었다.

오토바이를 타고 자유롭게 세계를 누비며 돌아다니고 카우치서핑과 히치하이킹을 병행하며 언제든 가고 싶은 곳으로 흘러가는 그 사람. 나와는 고작 두 살밖에 차이 나지 않았지만 내가 만난 그 누구보다 가치관이 확고했으며 존재만으로도 빛이 나는 사람이었다. 184cm의 훤칠한 키, 검정 워커에 리바이스 진, 핏이 잘 떨어지는 청자켓을 멋스럽게 소화한 그 남자는 알게 모르게 사람을 끌어당기는 특유의 분위기를 갖고 있었다.

앞으로 2년을 더 여행하고 그중 6개월은 독일에서 일하며 세상을 직접 보고 경험하며 시야를 넓히고 싶다던 그 사람. 자신의 진짜 꿈을 찾고 싶어 여행하는, 누구보다 당당했던 그 사람. 현실과 타협하기보다는 자신이 원하는 꿈을 찾아 이루려는 사람. 겁이 없는 건지 무모한 건지 알 수 없었지만 하여튼 신기한 사람이었다.

그는 나의 이상이었다. 언젠간 그와 같은 사람이 되고 싶었다. 멀리서 봐도 빛이 나는 그런 사람. 내 눈을 똑바로 바라보며 자신을 그대로 드러내던 그 사람처럼 나도 확고한 가치관과 생각, 자신감을 가진, 존재 그 자체만으로도 빛나는 사람이고 싶었다. 언젠가는 그처럼 변한 내 자신을 똑바로 들여다보고 싶었다.

할아버지의 장례식

　　그동안은 그저 가벼운 마음으로 여행해왔다. 여행을 하면서도 내가 이 여정을 끝까지 이어나갈 수 있을지에 대한 확신은 없었다. 그냥 내가 대충 정한 방식대로 여행을 해나갈 뿐이었는데, 아르메니아에 온 이후 내 여행을 돌아보게 만드는 일들이 자꾸 일어났다.

　체 게바라를 닮은 그와 새로 사귄 현지인 친구네 집에서 자고 일어나 거리로 나섰다. 이른 아침 지하도보의 상가들을 지나, 지하철역에 들어와 핸드폰의 비행기모드를 풀었다. 엄마에게 문자가 와 있었다. 할아버지가 돌아가셔서 장례식장에 간다는 엄마의 문자. 순간 얼이 빠졌다. 가슴속에 답답함이 차올라 참을 수 없어 눈물이 왈칵 쏟아졌다. 길을 걷다 갑자기 우는 나를 보고 그는 깜짝 놀라서 무슨 일이냐며 다그쳤다.

　사실 외할아버지와는 교류가 거의 없었다. 초등학생 때 얼굴을 몇 번 뵌 적이 있긴 했지만 중학생이 된 이후에는 1년에 두세 번, 잠깐 안부만 묻는 정도였다. 그래서 외할아버지가 돌아가셨다는 소식을 들었을 때도 많이 슬프지는 않았다. 그런데 이내 부모님께 죄송스러웠다.

　아버지가 돌아가셨는데 멀쩡할 딸이 세상에 어디 있을까. 힘들어할 엄마를 옆에서 챙겨주고, 위로해주고, 일도 도와드리고 싶지만 그럴 수가 없었다. 지금 눈물이 나는 건 내가 얼마나 불효녀인지, 불효막심한 딸인지 깨달았기 때문이었다. 부모님께 너무 죄송해서 어찌해야 할지 막막했다. 분명한 건 이대로 돌아가고 싶지 않았다. 이제 막 본격적인 여행을 시작하는 것 같은데, 뭔가 많이 배우고 더 경험할 수 있을 것 같은데, 이대로 돌아가면 안 될 것 같았다.

> 내가 원하는 삶을 살고, 나의 삶을 사랑하는 일은 내가 그토록 갈망하던 행복이었다.
> 나는 열등감이 많은 사람이었다. 항상 타인의 삶을 동경해왔다. 호기심도 많고 욕심도 많아서 뭘 하든 항상 부족함 속에서 허우적거렸다. 더 많은 것을 경험하고 싶었다.
> 내 삶을 온전히 사랑하고 싶었다. 나의 콤플렉스조차도 포용할 수 있는 당당한 자신이 되길 바랐다. 그리고 왠지 여행을 하며 내 꿈에 한 발 다가가는 것만 같았다. 그래서 지금 이 여행을 더욱더 포기하기 힘들었다.

두서없이 감정을 쏟아내는 날 묵묵히 바라보던 그가 말을 이었다.

> "네가 할아버지였으면 어땠을 것 같아. 할아버지 입장에서 생각해봐."

한참을 생각했다. 내가 할아버지였다면 나의 여행을 응원했을 것 같았다. 내가 한국에 돌아가도 크게 달라질 게 없는 상황일 텐데…. 부모님께 솔직하게 내 의견을 말하고, 현재 여행에 최선을 다하게 된다면 할아버지도 '거기에

남아서 즐겁고, 행복하고, 안전하게 여행하고 와라'라고 하실 것 같았다.

"그럼 된 거야. 부모님 위로 잘 해드리고 제대로 설명드려."

그는 그렇게 울고 있는 나를 묵묵히 챙겨주었다. 그의 도움으로 마음을 굳힌 뒤에도 죄책감과 죄송스러움에 한참을 울었다. 난 정말 못나고 이기적인 딸이었다. 이 장을 빌어서 다시 한 번 부모님께 죄송하다는 말을, 늘 뒤에서 내가 선택하는 길을 믿어줘서 감사하다는 말을 전하고 싶다. 한참을 울고 나서, 이제부터는 정말 진지하게 여행에 임해야겠다는 생각이 들었다. 그에게 당당히 내 포부를 밝히던 순간의 내 눈은 분명 빛나고 있었을 것이다.

🚃 찢어버린 이란행 티켓

어젯밤부터 내린 비가 아침까지 내렸기에 오늘 하루만은 꿈속으로 여행을 떠나려고 이불을 머리 꼭대기까지 뒤집어쓴 채 잠에 빠져들고 있었건만. 그는 오늘도 어김없이 아침 일찍 불쑥 찾아와 내가 덮고 있던 이불을 확 걷어내버렸다. 뭐야, 또. 대체 언제 온 거야? 그는 내 볼을 꼬집더니 다정하게 눈곱을 떼주며 밖으로 나가자고 했다.

  "졸리단 말이야. 또 어디 가려고? 비 오잖아."

그는 설탕을 듬뿍 넣은 커피를 휘휘 젓더니 내 앞에 들이밀고 얼른 준비하라며 재촉했다.

  "얼른 준비해. 너에게 소개해줄 사람들이 있어. 다들 기다린다."
  "누군데? 어디서 만나기로 했는데?"
  "가면 알게 될 거야. 지금 인도 음식점에서 밥 먹고 있대."
  "야, 근데 인도 음식 비싸잖아. 나는 안 먹을래."

"그럼 샤월마 먹고 가자."

준비를 대충 마치고 아무거나 껴입은 나와는 반대로 꽤나 멀끔하게 차려입은 그와 평소처럼 내가 가장 좋아하는 투만얀 식당에서 샤월마를 먹어치우고는 인도 음식점으로 향했다. 식당에는 세 명의 외국인들이 수다를 떨며 난을 카레에 찍어 먹고 있었다.

"인사해. 최근에 알게 된 멜리사, 사울리어스, 네이쓴이야. 네가 저번에 히치하이킹 팁을 알려달라고 했잖아. 멜리사는 1년 동안 히치하이크로 스페인에서 아르메니아까지 건너왔대. 너의 멘토가 되어줄 수 있을 거야."

번쩍. 눈이 커졌다. 내가 잘못 들은 거 아니지? 여자 혼자서 5,000km가 넘는 거리를 히치하이크로 여행했다니. 대박이다. 이 자리에 오길 정말 잘했네. 안 왔으면 후회할 뻔했군.

"얘들아, 만나서 진짜 반가워. 나 사실 며칠 전 안 좋은 일을 겪었어. 앞으로는 무서워서 절대 히치하이크 같은 건 안 하려고…."

이걸 말해야 되나 싶어 우물쭈물하던 나는 모든 것을 말하기로 결심했다. 변태 택시기사의 음흉한 미소가 다시 떠오르면서 온몸에 소름이 돋았다. 조심스럽게 변태를 만났던 그때의 충격과 놀란 마음을 털어놓으니 힘들었겠다며 다독여주는 그들. 이야기가 끝날 무렵 이란에 갈 예정이라고 하자 멜리사가 흥분하며 외쳤다.

"나도 이란에 가는데! 2주 후에 히치하이크해서 갈 건데 같이 가지 않을
래? 내가 히치하이크하는 법 가르쳐줄게."
"멜리사, 진짜야!? 히치하이크로 이란에 간다니! 나야 같이 가면 영광
이지. 그럼 나 너만 믿을게. 예약했던 버스표 환불받으러 가야겠다."

　하지만 알고 보니 내가 예약한 티켓은 환불이 되지 않았다. 아깝긴 했지만
좋은 경험을 샀다고 치자며 50유로짜리 테헤란행 버스티켓을 미련 없이 공
중에 날려버렸다. 경험은 돈 주고도 사지 못할 테니까.

나의 세상이 온통 그로 가득 찼다

아무래도 첫눈에 반했나 보다. 그를 멘토로 삼겠다고 결심한 순간부터 그에게 끌리고 있었음이 틀림없었다. 난생처음 누군가에게 후광이 비칠 수 있다는 걸 느꼈으니까! 다행이었던 건 그도 같은 시간 나에게 끌리고 있었다는 점이다. 그는 더 이상 리다 할머니네 머물지 않았지만 여전히 매일 출석 도장을 찍듯 나를 찾아왔다. 내가 보고 싶었다나.

"근데 너 왜 매일 나를 만나러 오는 거야?"
"너에게도 내가 여행하는 세상을 보여주고 싶었어."
"매일같이 나 데리고 다니는 거 귀찮지 않아?"
"전혀. 너와 함께 다니는 게 얼마나 즐거운데. 네가 더 넓은 세상을 볼
기회를 주고 싶어."

하루 종일을 붙어 다니다 보니 감정은 점점 커져갔다. 누군가와 이렇게 오랜 시간을 함께 보내는 것도 처음이었다. 우리는 서로의 여행에 스며들고 있었다.

당신의 삶은 항상 다이나믹한 스토리들로 가득 차 있었지. 아마도 항상 새롭고, 즐겁고, 역동적인 일들을 찾으러 다니니까 그런 걸까. 그만큼 당신은 여행에 있어서도 진지하게 임하고 있었어. 매 순간 열심히 살려고 노력하고, 삶에 열정적이니까 그런 충만한 여행을 할 수 있는 거겠지. 당신을 보며 난 어떤 사람일까 생각도 많이 해봤어. 나란 사람의 여행은 어떨까. 난 이 여행에서 뭘 찾을 수 있을까.

우리는 서로의 가치관에 대해 얘기하며 대부분의 시간을 보냈다. 가깝고 먼 미래에는 무엇을 하고 싶은지, 삶이란 무엇인지, 꿈과 목표에 대해서, 존재하는 것이 아닌 살아야 하는 이유에 대해서, 깊고 긴 이야기를 나누며 낮과 밤을 가로질렀다. 같은 집에서 함께 요리도 하고, 리퍼블릭 스퀘어에서 분수 쇼를 감상하고, 비 오는 날 콘서트를 보며 광장에서 밤새 춤을 추기도 했다. 하루는 현지인 친구를 만들자며 무턱대고 근처 대학교에 찾아가기도 했다.

그는 나도 모르던 내가 지닌 특별함을 알아봐주었고, 용기를 주었고, 먼저 손을 내밀어주었다. 하나의 빛이 프리즘을 통해 수많은 색으로 그 본모습을 보여주듯 그는 나에게 내가 지금껏 보지 못한 수많은 색으로 어우러진 새로운 세상을 볼 수 있게 해주었다.

환상 같았던 날들. 그 무렵 나는 참 행복했었던 것 같아.

 Daylight

멜리사와 약속했던 2주가 벌써 다가왔다. 이란행 티켓을 찢어버린 이후로 내 여행의 뭔가가 변했다. 벌써 마지막 날이라니 그를 떠나고 싶지 않지만 이란에 가고 싶은 욕심이 더 컸기에 그를 따라나서기보다는 이란에 가는 걸 택했다.

오전 7시가 되면 그를 떠나야 한다는 사실이 너무 슬퍼서, 해가 뜨지 않기만을 간절히 바랐다. 우리가 가야 하는 길은 다르지만 어디서든 그가 몹시 생각날 것 같았다.

도대체 언제부터였을까. 제법 쌀쌀했던 계절을 함께 보내며 우리는 서로의 존재에 익숙해져 버렸나 봐. 생각해보면 난 처음부터 당신을 꿈꿔온 것 같아. 당신은 내가 되고 싶은 이상이었는걸. 당신에게 배우고 싶은 게 참 많았어. 우리가 운명이라면 언젠가 다시 만나게 되겠지.

떠나기 전 내 뺨을 두 손으로 감싸고 씩 웃는 그가 몹시 사랑스러워 보였다. 널 만나게 돼서 정말 다행이다.

"많이 보고 싶을 거야."

배낭을 대신 둘러맨 그는 내 손을 꽉 잡은 채 버스터미널까지 배웅해주러 나왔다. 아쉬웠지만 터키에 돌아가면 다시 만나자는 약속과 함께 우리는 각자의 일정대로 발걸음을 옮겼다.

그는 항상 나에게 물어보곤 했다. 내 꿈은 뭐냐고.
내 꿈은 행복하게 사는 거야. 그러자 그가 되물었다.
왜? 모든 것에는 이유가 있대.

사실 행복해지고 싶다고 막연히 바라기만 했지 왜 행복해져야 하는지에 대해서는 고민을 해본 적이 없었다. 하지만 이제는 그 이유에 대해 알 것 같았다. 행복해지고 싶다. 나의 밝고 빛나는 에너지가 다른 사람도 함께 밝혀주길 바란다. 주변 사람들이 나로 인해 더욱 행복해졌으면 좋겠다. 그리고 어제보다 나은 내가 되고 싶다. 내 자신을 꾸밈없이 제대로 바라볼 수 있을 때까지 꾸준히 앞으로 나아가고 싶다. 나도 당신처럼 멋지게 살기 위해 항상 달려나갈래. 세상을 볼래. 들을래. 당신으로 인해 나의 세상에는 다른 곳으로 이동할 수 있는 문이 하나 더 생긴 것 같아.

너를 떠나면 후회하지 않을 수 있을까?

이미경. 대한민국, 서울.
마음속 깊이 아르메니아 대학살을 추모하며.

예술 대학교에 놀러 갔다가 사진과 교수님께서 우연히 카메라를 보시고는 대학 사진전에 사진을 전시해주셨다. 한국에서는 딱히 만날 일이 없었던 연영과 친구들과 연기 수업도 듣고, 연극을 보러 가기도 했다.

페르시아에서의 좌충우돌 무전여행

멜리사와의 히치하이킹

히치하이킹 고수, 멜리사와는 오전 8시에 버스터미널 앞에서 만나기로 했다. 멜리사는 이미 버스터미널에 도착해 있었다. 고속도로로 들어가는 진입로까지 버스를 타고 가려고 온 건데, 거기까지 가는 버스는 단 한 대도 없단다. 하는 수 없이 버스터미널 앞에 있는 큰 도로에서 바로 히치하이크를 시작했다. 변태 택시기사를 만난 이후로 본격적인 히치하이크는 처음이었다.

나는 긴장된 표정으로 잔뜩 상기되어 있는 반면, 멜리사는 자신감 넘치는 표정과 여유 있어 보이는 웃음을 얼굴 한가득 담고 있었다. 그녀가 엄지손가락을 올리자마자 차 한 대가 우리 앞에 멈춰 섰다. 너무 순식간이라 이게 맞나 싶어 눈을 휘둥그레 뜬 채 그녀에게 속삭였다.

"우리 이 차를 히치하이크하는 거야?"

그녀는 얼른 타자는 듯 싱긋 웃으며 고개를 끄덕였다. 이제 진짜 모험이 시작되는 건가 봐. 그런데 웬걸. 우리가 탄 차는 알고 보니 반대 방향으로 가는 차였다. 어쩐지 길이 익숙하다 했다. 오늘 저녁까지는 이란 국경에 도착해야 하는데 정반대 방향인 에치미아진으로 와버리다니. 망했군. 분명 멜리사가 운전자와 잘 얘기를 한 것 같았는데 목적지 전달이 잘못됐나….

우리는 잘못된 방향으로 가고 있다고 손짓, 발짓으로 아저씨에게 알린 후에야 유턴을 해서 건너편 도로에 내릴 수 있었다. 심각하게 한적한 길이라 차가 거의 지나다니지 않았지만 다행히도 30분 만에 올바른 방향으로 가는 차를 만날 수 있었다. 차는 울퉁불퉁한 시골 도로를 달려 이란 방향으로 곧게 뻗어진 고속도로까지 직진했다.

예레반에서 국경마을인 메그리까지는 366km. 그리 먼 거리는 아니었지만 고속도로답지 않은 불량한 도로 상태 때문에 차로 최소 7시간은 걸리는 곳이었다. 히치하이크를 하면서 기다리는 시간까지 생각하면 훨씬 더 오래 걸릴 것이다. 두 번째 차에서 내린 우리는 오늘 안에만 도착하자는 생각으로 마음 편하게 다음 차를 기다렸다.

저 멀리 보이는 풍경을 찍으며 여유를 부리고 있을 무렵, 마침 우유를 배달하던 작은 트럭이 멈추더니 우리의 목적지를 물어왔다. 말이 통하지 않았기에 지도를 꺼내 손가락으로 메그리를 가리켰다. 그는 같은 방향이라며 적어도 아레니까지는 태워다줄 수 있다고 했다. 우리는 트럭 조수석에 앉아 그가 창고에서 꺼내다준 딸기와플과 초코우유를 마셨다. 이란에 점점 가까워져가고 있었다.

한참을 달려 마침내 국경에서 1시간 반 정도 떨어진 마을 초입에 도착했다. 우리가 내린 곳은 사방이 전부 산으로 둘러싸인 작은 마을이었다. 여기서부터는 고산지대였다. 국경에 가기 위해서는 다음 마을로 넘어가야 하는데 몹시 구불구불한 산길을 따라가야만 했다. 해발 3,000m 고지를 오르락내리락하는 도로는 멀리서 봐도 꽤나 험해 보였다.

오후 5시. 20분째 차를 기다리는 중이었다. 한적한 시간대여서 그런 건지

몰라도 차가 한 대도 지나가지 않는 도로 위에는 우리밖에 없었다. 우리와 같은 방향으로 가는 차를 보는 건 마치 하늘의 별 따기와도 같았다. 뭐 이런 깡시골이 다 있단 말인가.

그때 마침 마을에 주차되어 있던 트럭의 문이 열렸다. 운전사가 시동을 걸고 출발하려는 것을 발견한 우리는 재빨리 그에게로 달려갔다. 어디로 가는지 방향을 묻고 차를 얻어 탈 수 있냐며 부탁을 드리자 잠시 고민하는 듯하던 운전사 아저씨께서 고개를 끄덕이셨다. 다행이다! 원숭이 인형이 대롱대롱 매달린 트럭을 타고 도로 위에 올랐다. 나중에 알게 된 사실인데 트럭 운전사들은 흔히 트럭에 인형을 태우고 다닌다고 한다. 아무래도 긴 시간 동안 혼자 운전하면 외롭기 때문이려나….

국경이 얼마 남지 않았다. 트럭은 달리고 또 달렸다. 창문 너머로 보이는 길은 위태로워 보였다. 커브를 돌 때면 절벽 아래로 떨어질까 무서워서 절로 숨을 참게 됐다. 우리의 걱정과는 달리 프로였던 아저씨는 굽이진 산길을 능숙하게 주행하셨다. 가끔 가다 멋진 풍경이 나오면 차를 잠시 세우고는 사진 찍을 시간을 주시기도 했다.

작고 한적한 길 위. 그리고 산봉우리 위에 얇게 깔려 있는 구름. 흙과 얼음 밖에 없는 황량한 고지에 새하얗게 피어 있는 아름다운 꽃 한 송이. 이런 추운 곳에 홀로 사는 꽃이 있다니. 자연의 생명력이란 놀라웠다. 비탈진 산을 내려오자 광활한 들판은 온통 붉은 꽃으로 덮여 있었다. 전에 지나쳤던 험준한 도로와는 달리 남은 구간은 평평했다. 지평선과 수평을 이루던 해는 벌써 산 아래로 자취를 감췄다. 캄캄한 밤이 오기 전에 국경마을 메그리에 도착할 수 있으려나.

아라비안나이트

저녁 8시, 이미 하늘은 어둑어둑해졌다. 우리는 국경검문소를 향해 걸어갔다. 출국 도장을 받자마자 준비해온 스카프로 머리카락을 감추고는 건물 밖으로 나섰다. 이란 국경을 통과하려면 히잡을 쓴 뒤 긴팔과 긴바지로 맨살을 가려야만 했다.

아르메니아 국경에서부터 이란 국경은 2km 정도 떨어져 있었다. 국경과 국경 사이, 누구의 땅인지 모를 수수께끼 같은 공간을 걸었다. 길 위에는 오직 신비로운 달빛만이 우리를 비췄다. 밤하늘에는 별이 수도 없이 펼쳐져 있었고 귓가에는 아라비안나이트의 노래가 들려오는 듯한 착각이 들었다. 길이 끝나는 곳엔 나무 한 그루 없는 뾰족하고 거친 바위산이 있었다. 처음 보는 산이었지만 누가 봐도 페르시아의 산 같았다. 그저 국경을 넘었을 뿐인데 나를 둘러싸고 있는 모든 것들이 오감을 자극했다.

시내로 가는 버스는 끊겼고, 히치하이크를 하기에도 너무 늦었다. 어쩔 수 없이 국경사무실에서 밤을 새고 아침 일찍 히치하이크를 다시 하기로 했다. 다리를 침낭에 넣은 채 의자에 쭈그리고 앉아 있는데 모함마드란 이름의 직원이 다가와 말을 걸었다. 한참 대화를 나누고 있었는데 하루 종일 히치하이

크를 해서 피곤한지 자꾸만 잠이 쏟아졌다. 의자에서 꾸벅꾸벅 졸고 있자 그는 편하게 자라며 선뜻 기도실을 내주었다. 이란 양식의 화려한 양탄자가 곱게 깔려 있는 이슬람교의 공간이었다.

'이런 곳에서 자는 건 예의에 어긋나는 것 같은데….'

진짜 괜찮냐며 재차 확인을 했지만 그는 고개를 끄덕였다. 아침 7시면 사람들이 점점 많아질 테니 그 전에만 일어나면 된다며. 걱정하지 말고 푹 자라는 말을 하고는 다시 일을 하러 갔다. 이란에서의 첫날, 국경사무실 바닥에서 모함마드가 건네준 이란스러운 담요를 머리끝까지 덮고 꿈나라로 떠났다.

다음 날 모함마드 아저씨가 집에 초대를 해주셨다.

✈ 히치하이킹 수업

"멜리사, 차는 왜 계속 보내는 거야? 우리 아르메니아에서는 남성 운전
자 차도 타고 왔잖아. 여기서도 그러면 안 돼?"
"물론 그래도 돼. 하지만 우린 아직 이 나라에 대해 잘 모르잖아. 시간도
충분하니까 일단 처음에는 가족 차를 타보자. 남성 운전자 차는 이 나라
에서 히치하이크를 하는 게 어떤지 좀 더 파악한 다음에 타도 늦지 않아."

역시 그녀는 프로 히치하이커였다. 이 무렵 나는 막 히치하이크를 시작한
새내기였기에 어떤 차를 타야 할지, 어떤 운전자와 함께 가야 하는지 판단이
서지 않았다. 솔직히 말하자면 누군가 나를 위해 차를 멈춰주는데 인상이 나
쁘다고 호의를 거절하는 건 왠지 버릇없고 무책임한 행동이라 여겼다.

하지만 멜리사는 '히치하이크의 첫 번째 법칙, 확신이 서지 않을 땐 거절할
줄도 알아야 한다'며 신신당부를 했다. 네 앞에 차를 세우는 모든 사람들이
다 너에게 호의를 베풀 거라고 믿는다면 그건 네 자신을 너무 과대평가하는
거라고, 사람을 보는 눈을 기르고, 만약 그들의 호의가 너에게는 불편함으로
다가오거나 호의에서 숨겨진 악의가 느껴진다면 네 자신의 안전을 위해서 거

절하는 게 당연한 거라고 알려주었다.

가족 차를 기다리는 건 그리 오래 걸리지 않았다. 10분쯤 지났을 때 부모님과 여자아이 세 명이 탄 자가용 한 대가 멈추었고, 우리는 뒷좌석에 몸을 구기고 앉았다. 차에 있는 가족들 중 영어를 할 줄 아는 사람은 없었지만 국경 근처라 다수의 사람들이 아제르바이잔식 터키어를 구사할 줄 알았다. 멜리사가 기본적인 터키어를 할 줄 알았기에 소통은 크게 문제가 되지 않았다.

"배고프지 않아? 먹을 거 줄까?"

아주머니는 달달한 젤리와 초록빛깔의 특이한 채소를 주셨다. 아스파라거스와 비슷하게 생긴 초록색 풀때기는 정말 맛이 독특했는데, 레몬보다 시고 씁쓸해서 먹고 나면 입이 텁텁해졌다.

이후로도 우리는 타브리즈를 지나 몇 번이고 차를 더 갈아탔다. 오늘은 어디까지 가게 될까? 정해진 계획은 없었다. 그저 남쪽을 향해 가고 있는 중이었다.

🗺️ 호텔에서 무료 숙박을?!

무작정 남쪽을 향해 가던 우리는 미야네란 마을에서 내렸다. 길을 걷다 보니 큰 공원이 나왔고 곳곳에서는 6~7명의 대가족이 돗자리를 깔고 피크닉을 즐기고 있었다. 커플끼리 와서 무릎베개를 하고 수다를 떤다든가, 친구들과 물담배를 피며 수다를 떠는 모습은 무척 평화로워 보였다.

그나저나 이제 어디 가지. 일단 인터넷을 빌려 카우치서핑을 찾아보자며 공원 바로 옆에 있던 별 세 개짜리 호텔에 들어갔다. 로비에 앉아 호텔 인터넷을 잠시 빌려 쓰고 있는데 갑자기 호텔 주인이 방을 반값으로 할인해주겠단다. 하지만 배낭 여행자인 우리에게 호텔은 여전히 사치였다. 로비에 계속 앉아 있는 것도 죄송해서 나가려는데 주인장이 우리 같은 여행자는 처음 보는지 호기심 가득한 얼굴로 말을 걸어왔다.

우리는 앉아 있던 소파로 다시 돌아가 이런저런 질문에 대답을 해주고 있었다. 그런데 갑자기 밥을 먹으라며 호텔 정식을 내오는 게 아니겠는가. 놀라서 이게 무슨 일이냐고 물어보니 공짜이니 걱정 말고 먹으란다. 얼떨결에 로비에 앉은 채 에피타이저부터 메인메뉴와 디저트, 차까지 아주 코스로 대접받았다. 아, 이거 인심이 너무 후한데…. 혹시 사기 아니야? 밥값을 내놓으라고

할까 봐 잘 먹었다는 인사를 하고 얼른 나가려는데 그녀가 우리를 붙잡았다.

"어차피 방이 많이 비어 있는데 그냥 더블룸 하나 공짜로 줄게. 자고 아침에 가. 이 근처에서는 저렴한 숙소를 찾기 힘들 거야."

주인장은 멀리서 찾아온 소녀들을 정말 순수한 마음으로 돕고 싶었던 것이었다. 갑자기 찾아온 행운이 믿기지 않았던 우리는 부둥켜안고 환호를 질렀다.

그녀의 말을 빌리자면 이란 여성들에게 해외여행이란 꿈과도 같은 것이란다. 남편이나 아버지의 동의가 없으면 여권을 발급받을 수조차 없다며 부러움과 동경에 가득 찬 눈빛으로 우리를 쳐다봤다. 늦은 밤까지 그녀에게 다양한 나라를 여행한 이야기를 들려주고는 깨끗한 더블룸에서 편히 잠에 들었다.

아침에 일어나니 호텔 레스토랑에는 아침식사가 준비되어 있었다. 그녀는 우리에게 아침을 대접하고는 가족들을 소개시켜주고 싶다며 거대한 저택으로 우리를 안내했다. 3대째 호텔을 운영하는 주인 가족의 집은 정말 호화스러웠다. 거실 천장에는 고풍스러운 샹들리에도 걸려 있었다. 가족들을 한 명 한 명 소개받은 뒤 다 같이 모여 앉아 차를 마셨다. 그런데 모두 우리가 쓰고 있는 히잡을 보며 폭소를 터뜨리는 게 아닌가. 왜 그런가 싶어 울상을 지으며 물어봤더니 우리가 쓴 히잡은 겨울용이란다. 이런. 한여름에 겨울용을 쓰고 돌아다녔다니. 그래서 우리는 주인장을 따라 동네 바자르에 가게 되었다. 알록달록한 히잡의 거리. 각자 마음에 드는 히잡을 고르라며 그녀는 요즘 날씨에 쓰기 적당한 히잡을 선물로 사주었다.

이날 선물받은 다홍색의 히잡은 내가 제일 아끼는 여행 물건 중 하나로 남았다. 오래도록 간직해야지.

아파트를 얻다

비가 주룩주룩 내리는 날이었다. 히치하이킹을 하려고 육교 밑에서 있는데 버스기사 아저씨가 비 오는 날 무슨 히치하이킹이냐며 그냥 타라고 하셨다.

'여기 사람들은 어쩜 이렇게 너그러울까.'

뒤에 앉은 현지인 소년들과 몇 안 되는 페르시아어를 연습하며 버스를 타고 테헤란으로 가고 있던 중이었다. 그런데 마침 국경에서 우리를 도와주었던 모함마드 아저씨로부터 연락이 왔다.

"잘 지냈니? 테헤란에 집이 한 채 더 있어. 지금 비어 있으니까 테헤란에 도착하면 거기서 며칠 머물러도 돼. 열쇠는 내 친구 하메드가 전달해줄 거야."

모함마드 아저씨는 빈 아파트가 있으니 열쇠를 받아가라며 하메드를 소개시켜줬다. 버스에서 내리자마자 우리를 마중 나온 하메드를 만나게 되었다.

'헉, 저 험상궂게 생긴 사람이 하메드라고?!'

커다란 덩치, 무뚝뚝한 인상의 그를 보고 우리는 절로 뒷걸음질을 쳤다. 하지만 알고 보니 그는 첫인상과 다르게 수줍음을 많이 타고 웃음도 많은 순수한 사람이었다. 오해해서 미안해요, 하메드.

열쇠를 받아 들고 모함마드의 여분 아파트에 가려는데 하메드의 어머니로부터 전화가 왔다. 저녁을 차려놨으니 하메드와 같이 먹으러 오라며. 통화를 마치고 우리는 얼떨결에 하메드의 집을 방문하게 되었다. 20대 후반인 하메드는 어머니, 아버지, 여동생과 함께 살고 있었다. 그의 아버지가 예전에 도쿄에서 일한 적이 있어서인지 일본어 구사가 능숙했다. 영어를 아예 모르는 아저씨와 페르시아어라고는 코딱지만큼 할 줄 아는 나. 어떻게 소통을 하면 좋을지 고민하던 끝에 우리는 일본어로 대화를 나누기로 했다. 소통하기가 훨씬 수월해져서 그런지 어색하기만 했던 분위기는 순식간에 화기애애해졌다.

우리는 식탁에 모여 앉아 이란인들이 밥으로 즐겨 먹는 뽕뽕이빵에 고기를 싸 먹으며 대화를 나눴다. 식사를 마치고 모함마드의 아파트로 향했다. 아파트에는 주방과 거실, 그리고 방이 세 개나 있었다. 이렇게 멀쩡한 아파트를 비워놓다니. 그렇게 안 봤는데 모함마드 아저씨는 부자였나 보다.

멜리사와 신이 나서 이 방 저 방 기웃거리며 돌아다녔다. 부엌도 있으니 요리를 해 먹어도 되겠는걸. 당분간 아파트에서 우리끼리 편하게 지낼 생각을 하니 기분이 들떴다.

우리는 럭키걸들인가 봐!

금기를 깰 자유

　　모함마드의 아파트에서 며칠간 지내던 우리는 또 다른 호스트 알리의 집으로 숙소를 옮겼다. 그렇게 만난 알리와 함께 사는 친구들은 이란 인이라기에는 상당히 개방적인 사람들이었다. 반항적이랄까. 히잡도 어찌나 대충 쓰던지, 정수리 끝에 살짝 올려놓은 정도였다. 보수적이고 빡빡한 규율로 억압된 이란에서 자유로운 사람들을 만난다는 건 몹시 매력적이었다.

　　알리는 여섯 명의 친구들과 함께 살고 있었다. 멜리사와 나는 알리네 집에 머무는 동안 거실 바닥에 침낭을 펼쳐놓고 잤다. 마침 주말에 알리와 친구들이 근교 계곡에 여행을 하러 갈 계획이라기에 우리도 동행을 하기로 했다. 이란 사람들은 어떻게 휴일을 보내는지 내심 궁금하던 참이었다.

　　주말 아침, 우리는 지프차를 타고 테헤란에서 1시간쯤 떨어진 근교 계곡으로 향했다. 마트에서 간식을 잔뜩 사오는 것도 빼놓지 않았다. 산길을 구불구불 올라가자 한산한 계곡이 나왔고, 우리는 도착하자마자 수박을 차가운 계곡물에 담가놓았다.

　　산골짜기 계곡에서 알리와 친구들은 어느 누구의 눈치도 보지 않고 자유롭게 히잡을 벗어 던졌고, 졸졸 흐르는 계곡물 소리를 배경음 삼아 목청이 터지도록 노래를 불렀다. 이란에서 여자는 길거리에서 노래를 불러도 안 되고 춤을 추는 것도 금지다. 또한 미혼 남녀가 손을 잡고 길거리를 돌아다니는 것도 경찰에 꼬투리 잡힐 만한 행동이었다. 이 모든 것들을 어기면 경찰에 연행될 수도 있다던데···. 금기를 깨는 일은 생각보다 더욱 스릴이 넘쳤다. 물론 산속이 아니었다면 엄두도 못 냈을 터였지만 말이다.

반나절을 계곡에서 보내고 어스름이 질 무렵 우리는 테헤란으로 돌아와 하우스파티를 했다. 이란인들은 종교 때문에 술 한 모금도 입에 대지 않을 것 같았는데, 그건 지극히 표면적인 것이었나 보다. 애주가였던 알리는 대수롭지 않다는 듯 핸드폰에 저장되어 있는 알코올 딜러의 전화번호를 보여주기도 했다. 딜러에게 전화를 걸면 술병을 신문지에 싸서 자전거로 직접 배달해준단다. 대부분의 젊은이들이 핸드폰에 알코올 딜러의 번호 하나쯤은 저장하고 있다는 게 사실인지, 이후에도 이란 대학생들을 만날 때마다 자전거를 타고 배달 오는 알코올 거래상을 만날 수가 있었다.

이슬람교와 자유분방한 영혼들이 마구 뒤엉켜 있는 반전 매력을 지닌 이란. 우리들은 여느 나라 젊은이들 못지않게 하우스파티를 하며 시끌벅적한 밤을 지새웠다.

수상쩍은 사람들

매서운 바람이 얼굴을 스치고 지나갔다. 도로를 내달리는 트럭들도 빠르게 눈앞에서 사라졌다. 고속도로 갓길. 우리는 배낭을 베개 삼아 기댄 채 가만히 하늘을 바라봤다. 지나가는 차들을 구경하고 있자 무거운 생각들로 가득 차 있던 영혼이 한순간 깃털처럼 가벼워졌다. 마치 자이로드롭에서 떨어질 때와 같은 짜릿한 기분. 끝없이 펼쳐진 이 도로 위에서 나는 한없이 자유로움을 느꼈다.

테헤란에서 카샨까지 히치하이크를 하던 멜리사와 나는 중간에 쿰이라는 도시에 떨어지게 되었다. 쿰은 이란 중부에서 가장 보수적이고 신앙심이 깊기로 유명한 도시였다. 수도 테헤란의 길거리는 형형색색의 히잡으로 가득했던 반면, 쿰에서는 거리를 활보하는 여성조차 보기 힘들었다. 그나마 보이는 몇 안 되는 여성들마저도 새까만 차도르로 온몸을 가리고 다녔다. 보수적인 쿰의 명성은 귀가 따갑도록 들었기에 외국인인 우리도 만반의 준비를 하고 거리로 나섰다. 혹시 모를 범죄에 대비해 가방에서 호신용 페퍼스프레이도 꺼냈다.

목적지인 카샨까지 마저 가려면 히치하이크를 해야만 했다. 그나마 번잡한 길가에서 히치하이크를 시도하려는데 길거리를 서성이던 열댓 명의 남자들이 우리를 음흉한 눈빛으로 훑어봤다. 길을 지나가던 트럭들은 경적을 요란하게 울리며 야유를 퍼부어댔다. 그 넓은 길거리는 어떻게 된 게 남자들뿐이었다.

우리는 절대 쫄은 티를 내지 않으려고, 아무렇지 않은 척 무표정으로 서 있었다. 수상한 사람들은 우리를 향해 험상궂은 표정을 지었다. 그런데 이상하게도 이들에게 둘러싸여 있는데 뭔가 안전한 느낌이 들었다. 알고 보니 다들 험악한 인상의 사람들이라 서로가 서로를 경계 중이었던 것이었다.

'저 이상한 놈은 뭐야! 이 여자애들을 끈적한 눈빛으로 쳐다보지 마라!', '너나 잘해. 넌 뭐야, 임마! 니가 더 무섭게 생겼어!'라고 눈빛으로 싸우는 듯했다. 허허. 그 상황이 너무 웃겨서 웃음이 터져 나오는 걸 참느라 힘들었다.

그때 갑자기 안경을 낀 남자가 꼬마아이와 함께 나타났다. 지극히 평범해 보이는 그는 우리에게 대뜸 다가오더니 영어로 이 지역은 위험하다며 얼른 떠나라고 우리를 타일렀다.

"위험해! 위험해! 나쁜 사람들이야!"

그의 얼굴에는 근심이 가득 어려 있었다. 딱 봐도 수상한 사람들에게 두 명의 소녀들이 둘러싸여 있으니 걱정이 많이 되었나 보다. 그 옆에 있던 12살짜리 꼬마 남자애는 태어나서 외간 여자와 대화하는 건 처음이라며(특히 처음 알게 된 여자가 외국인이란 것에) 큰 충격을 받은 듯했다.

어쨌거나 우리는 카샨에 가야 했기에 그에게 사정을 설명했다. 우연인지 필연인지, 그의 친구도 30분 후에 쿰에서 카샨으로 갈 예정이란다. 실랑이 끝에 그 친구의 차에 함께 탑승하기로 한 우리 네 명은 무법자들에게 둘러싸인 채 친구가 오기만을 기다렸다. 한참을 기다리자 미니밴 한 대가 우리 앞에 멈춰 섰다. 덩치 큰 그의 보디빌더 친구가 창문을 내리고 무법자들을 째려보자 다들 겁을 먹었는지 잽싸게도 뿔뿔이 흩어졌다. 마침내 우리 다섯 명은 함께 차를 타고 카샨으로 출발했다. 꼬마아이는 이방인인 우리가 여전히 신기한지 계속 장난을 쳐왔다.

아, 일부다처제가 허용되는 이란에서 안경 낀 남자는 여자친구가 두 명이나 있단다. 나도 한국에는 남자친구가 세 명이라며 허풍을 떨었는데, 진짜 믿는 눈치였다. 완전 기겁을 하더라….

📷. 이란 사람들은 차를 좋아해

이스파한에 도착하자마자 비가 억수같이 쏟아지기 시작했다. 우리는 다리 밑에서 잠시 비를 피하다가 그곳에서 피크닉을 즐기고 있던 한 가족을 만났다. 그들은 우리를 대뜸 자신들의 피크닉에 초대하고 싶어 했다. 비도 오니 조금 쉬었다 가는 것도 좋을 듯해 빈자리를 비집고 들어가 자리했다.

아주머니는 집에서 직접 만들어 오신 도시락과 보온병에 들어 있는 홍차를 종이컵에 따라주셨다. 우리는 다리 밑 아늑한 공간에서 처음 만나는 이란 가족과 무릎담요를 나눠 덮고 앉아서 빗방울 소리를 즐겼다. 작은 파티 같았다.

비가 그친 뒤 푸름이 더해진 이스파한은 아름다움으로 가득 찬 도시였다. 친절했던 가족을 뒤로한 채 다리 밖으로 나간 우리는 새로운 호스트 아미르의 집을 찾아갔다. 아미르는 우리 또래의 대학생이었다. 그는 가족들과 함께 살고 있었는데, 언젠가 꼭 세계여행을 하고 싶다며 우리를 초대해준 것이었다. 우리는 아미르와 이란 대학생의 평범한 일상을 공유했다. 시내에서 물총 싸움도 하고, 잔디밭 그늘에 앉아 더위도 식히고, 분위기 있는 찻집에 가서 차를 마시는 것 역시 빼먹을 수 없었다.

밤새 지하실에서 영화를 보다 보니 어느새 새벽 5시였다. 잠이 오지 않는다며 이불시트를 차도르 대신 뒤집어쓰고 무작정 동네 모스크에 들어갔다. 이른 새벽에도 모스크에는 기도를 하러 오는 사람들이 간간이 보였다. 멜리사와 나는 이란 아주머니들에게 이슬람식 기도법을 배울 수 있었다. 기도 후 우리는 모스크 계단에 걸터앉아 짜이를 나눠 마셨다. 고요한 새벽 공기에 마음이 평온해졌다. 그러다가도 휘황찬란한 페르시아식 모스크의 화려함에 눈이 휘둥그레지기도 했다.

모스크에서 나오자 골목 끝에서 순찰을 돌고 있는 경찰차가 보였다. 깜짝 놀란 우리는 재빠르게 골목 뒤에 숨었다. 휴. 하마터면 들킬 뻔했네. 외간 남자와 여자가 새벽에 돌아다니는 건 경찰의 심기를 건드리는 일이었다. 순찰차가 골목을 빠져나간 뒤에도 검문을 받을까 무서워 헐레벌떡 집에 뛰어 들어갔다.

방바닥에서 먹는 저녁식사

터키 : 너에게로 가는 36시간

모래사막 도시 야즈드에서 나는 멜리사와 헤어졌다. 원래 계획은 멜리사와 함께 이란 비자가 끝나는 날까지 한 달 남짓한 기간을 여행하는 것이었다. 하지만 신이가 보고 싶어서 도무지 여행에 집중을 할 수가 없었다. 날이 가면 갈수록 그가 떠올랐고 감정은 점점 걷잡을 수 없이 커져버렸다. 멜리사와 같이 여행을 하면 할수록, 히치하이크를 하면 할수록, 머릿속에 그와 함께 히치하이크하는 장면을 수도 없이 그렸다.

하루빨리 그를 다시 만나고 싶었다. 마침 그는 곧 조지아에서 터키의 트라브존으로 넘어갈 거라는데…. 어쩌면, 우리 다시 만나 트라브존에서 이스탄불까지 같이 여행을 할 수 있지 않을까. 비록 아르메니아에서 헤어질 때는 '우리가 서로 인연이라면 다시 만나겠지'라는 말로 쿨하게 헤어졌지만 이란을 여행하는 동안 내 머릿속은 온통 그뿐이었다.

한참을 고민했다. 과연 멜리사한테 이 사실을 이실직고하고 먼저 터키로 떠날까? 그때 신이가 나에게 해준 말이 떠올랐다. 머리 말고, 마음이 가는 대로 행동하라고. 네 마음이 이끄는 대로 행동하라고….

내가 그를 사랑했던 이유는 그와 함께 있으면 내가 밝게 빛났기 때문이었다. 짧은 시간 안에 내 인생의 가치관을 바꿔준 대단한 사람이었으니까. 그와 삶에 대한 이야기를 하고 있을 때면 내 눈은 열정으로 반짝거렸다. 아마 그 시기의 나는 가장 열정으로 충만할 때가 아니었을까. 아무튼 결정을 내렸다. 신이를 보러 가겠다고. 난 신이한테 통보를 했다. 너와 일정을 맞춰보겠다고. 그러려면 이제 서둘러 트라브존에 올라가야 했다.

> "멜리사, 나 그를 보러 가고 싶어. 다음 주 주말에 이란을 떠나 터키로 가야 할 것 같아."
> "우리의 모험은 어쩌고! …그래도 잘 생각했어. 걔한테 널 보내는 건 아 쉽지만 그게 네 마음이 원하는 거라면 떠나."
> "이해해줘서 고마워, 멜리사."

며칠 후, 멜리사와는 몹시 아쉬운 작별을 했지만 후회는 없었다. 멜리사는 작별선물이라며 그녀가 사용하던 호신용 스프레이를 나의 손에 꼭 쥐여주었 다. 한 번도 사용할 일은 없었지만 호신용 스프레이는 그날 이후로 여행이 끝 나는 날까지 쭉 안전을 지키는 부적과도 같은 역할을 했다.

그동안 나의 히치하이킹 스승이었던 멜리사를 꽉 안아주고 우리는 긴 도로 한가운데서 마지막 인사를 했다. 그녀는 이스파한에 다시 돌아가겠다며 나와 는 반대 방향의 도로를 선택했다. 멜리사는 그렇게 길 위에서 크게 손을 흔들 더니 바로 차 한 대를 히치하이크해서 그 자리를 떠났다.

난 이제 홀로가 되었다. 멜리사가 그동안 가르쳐준 대로, 그동안 같이 여행 하며 익혀왔던 것을 나 혼자서 써먹어야 할 때가 온 것이다. 곧 있으면 그를 볼 수 있다는 두근거림. 멜리사와 헤어진 것에 대한 아쉬움. 혼자 남아 히치 하이크를 해야 한다는 두려움. 각각 다른 이유에 의한 감정들이 고스란히 녹아내렸다. 아무것도 없는 황무지 도로의 갓길을 혼자 걸었다. 야즈드에서 트라브존까지는 2,250km 남짓. 막막했지만 어떠한 두려움도 없었다. 사랑에 눈이 멀었던 걸까. 그저 그가 몹시 보고 싶었다. 멜리사가 알려준 대로 입가에 큰 미소를 머금고는 히치하이크를 시작했다.

🚂 트럭 운전사와의 사투

황폐한 흙 도로를 지나 이란의 국경마을 바자르간에서 출국심사를 거치고, 또 한참을 걸으니 드디어 터키 땅에 도착했다. 터키에 넘어오자마자 머리를 감싸고 있던 히잡을 풀어헤쳤다. 온몸을 전부 가리려니 무척 답답했는데 히잡을 벗자 선선한 공기가 머리의 땀을 식혀주었다. 휴, 이제야 좀 살 것 같네. 날이 더워서 그런지 정수리에는 김이 올라오고 있었다.

그나저나 터키에 넘어오니 어째 이란보다 차를 보기가 더 힘들어졌다. 잘 닦인 아스팔트 도로에는 자가용 같은 건 단 한 대도 보이지 않았고 옆에 선 것만으로 엄청난 위압감을 느끼게 하는 22톤의 대형 화물트럭들만이 도로를 달렸다. 터키 국경에서부터 트라브존까지는 약 579km. 오늘 저녁이면 그를 만날 수 있으려나. 가득 부푼 기대를 안고 히치하이크를 시작했다. 엄지손가락을 치켜든 채 지평선까지 펼쳐진 끝이 보이지 않는 아스팔트 도로에 발을 올렸다.

첫 번째로 탄 트럭은 느려 터졌다. 20km/h로 달리는 차였는데, 이 속도로 계속 달리다가는 대체 언제쯤 다음 도시에 도착할지 초조해졌다. 급기야 운전자는 트럭이 이상해져서 손을 봐야 한다며 갑자기 휴게소에 멈추더니 1시간 반 동안 아무것도 안 하고 유유자적 커피만 마셔댄다. 조수석에 앉아 그가 커피 마시는 모습만 멀뚱멀뚱 바라보다, 결국 차에서 내려 다른 차를 히치하이크했다.

두 번째 트럭 운전사는 더 이상했다. 운전을 하는 내내 계속 자기 볼에 뽀뽀를 해달라며 졸라댔다. 호되게 거절을 했더니 손이라도 잡고 가면 안 되겠냐며 애걸복걸하는 것이었다. 불쾌해서 텅 빈 2차선 아스팔트에서 뒤도 안 돌아보고 내렸다. 그나저나 지도에는 제법 큰 고속도로처럼 보이던 E80 고속도로는 대낮에도 통행량이 현저히 적은 도로였다. 그래서 연달아 트럭만 타게 되었던 것이다.

세 번째 트럭을 탔다. 역시나 이 차 주인도 제정신은 아니었다. 운전하다 말고 갑자기 분위기를 잡더니 번역기를 보여주며 '신이 말씀하시길 너는 아름다우니 나랑 결혼해주세요'라는 문법도 엉망이고 맥락도 없는 말을 뱉으며 느끼한 표정을 지었다. 마치 버터에 구운 고등어 같았달까. 혹시 몰라서 네 번째 손가락에 끼고 다니는 눈속임용 결혼반지와 핸드폰 바탕화면으로 설정해놓은 남자 연예인 사진을 보여줬다.

'이걸 보란 말이야! 난 이미 품절녀라고!'

내 말은 안중에도 없는지 그는 결혼해달라며 계속해서 추파를 던졌다. 더 이상은 참을 수가 없었다. 당장 내려야겠다 싶어서 가장 가까운 아시칼레라는 마을에서 내렸다. 그는 날 내려주면서도 굉장히 아쉬워하는 표정이었다. 저리 가! 미친놈아!

내리고 보니 아시칼레는 아무것도 없는 아주 작은 시골마을이었다. 열려 있는 곳이라고는 할아버지들이 여럿 모여 있는 허름한 카페뿐이었다. 마치

노인정 같았다. 세 번이나 연달아 거지같은 상황을 겪게 되자 도저히 터키에서는 히치하이크를 이어갈 엄두가 나지 않았다. 남은 거리는 버스를 타려고 했지만 막차는 이미 떠난 뒤였다. 이 작은 마을 밖으로 나가는 버스는 어째단 한 대도 없는 걸까. 호텔도 없고, 식당도 없고, 대체 여기서 어떻게 벗어나지…. 해는 저물어갔고 촌동네에서 고립될 게 무서웠던 난 길바닥에 주저앉아 닭똥 같은 눈물만 흘렸다.

'이렇게 포기할 수는 없지. 뭐라도 해봐야겠어!'

우격다짐으로 마지막 트럭에 올라탔다. 캄캄한 고산지대를 말 한마디 통하지 않는 트럭 운전사와 오붓하게 타고 가려니 무서워서 온몸의 세포들이 전부 곤두섰다. 핸드폰으로는 GPS를 켜서 현재 위치를 계속 확인하고, 멜리사가 준 페퍼스프레이도 한 손에 쥐고 여차하면 뿌릴 준비를 했다. 그럼에도 두려움이 진정되지 않아서 트라브존의 호스트였던 쥬네이트에게 전화를 걸었다.

"방금 메시지 확인했어. 미안. 너 지금 어디야? 우리 집 어디였는지 기억하지? 우리 집에 와도 돼."
"응! 기억나. 히치하이크로 가고 있는데 무서워서 죽을 것 같아. 지금 에르주름 근처야. 트라브존에는 새벽에나 도착할 것 같은데, 도착하기 전에 죽는 건 아니겠지?"
"너 괜찮은 거야? 내가 트럭 운전사랑 통화해볼게."

난 트럭 운전사를 바꿔주었고, 쥬네이트는 운전사에게 나를 트라브존까지 안전하게 데려다달라고 부탁했다. 트럭 운전사는 그와 몇 마디를 주고받더니 안심하라는 듯한 표정으로 나에게 핸드폰을 건넸다. 핸드폰 너머에서 그의 든든한 목소리가 들려왔다.

  "조금 이따가 봐. 혹시 모르니까 차량번호 불러줘. 조심해서 와."
  "그래. 이따가 꼭 보자. 차량번호는 24 LV 888이야. 고마워, 쥬네이트!"

다행히 이번 트럭 아저씨는 지금까지 만났던 괴짜 아저씨들과는 달리 착한 사람이었다. 트라브존에 도착하자 고속도로 옆 휴게소에 나를 내려주셨다. 그리고 운 좋게도 휴게소 식당에서 일을 마치고 막 퇴근하려던 부부가 나를 시내까지 데려다주셨다.

  '와… 진짜 무서웠다.'

휴. 그제야 한숨을 돌리고 안심할 수 있었다. 우여곡절 끝에 무사히 도착했군. 내가 다녀본 나라들 중 혼자 여행하는 여행객이 히치하이킹하기 가장 위험한 나라를 묻는다면 단연 터키를 1순위로 뽑을 것이다. 물론 이건 주관적인 경험에 의한 것이기도 하지만, 여행 중 만났던 다른 히치하이커들도 터키는 고개를 절레절레 저을 정도로 그리 안전한 편은 아니었다.

히치하이크를 시작한 지 36시간이 지난 새벽 2시가 돼서야 겨우 쥬네이트의 집에 도착했다. 36시간 동안 끊임없이 히치하이크를 하다니 나도 정상은 아니구나. 문을 열자마자 그는 나를 반겨주었고 괜찮냐며 안색을 살폈다.

  "응. 덕분에 완전 괜찮아. 그나저나 나 4일 동안 샤워를 못했는데 일단 좀 씻고 나올게."

시원하게 샤워를 마치고 나와 2개월 동안 하지 못했던 각자의 시간을 얘기했다. 여느 날처럼 그는 커피를 건네며 말을 건네왔고, 우리는 밤새 비몽사몽 수다를 떨다가 새벽 5시쯤에서야 잠에 들었다. 아침 8시가 되어 그의 방문을 살짝 열고 들어가 작별인사를 하고 현관을 나섰다.

쥬네이트, 넌 내 최고의 터키 친구야.

🎈 나 너를 만나러 여기까지 왔어

쥬네이트의 집에서 나와 신이가 머물고 있는 시내의 한 호스텔로 향했다. 결국 우리는 다시 만나게 되었다. 만나자마자 나는 그에게 달려갔고, 그는 나를 번쩍 들어 꼭 안아주었다.

"정말 보고 싶어 죽는 줄 알았어."

우리는 그동안 하지 못했던 이야기를 하며 서로의 손을 꽉 잡고 울었다. 떨어져 있던 시간이 무색할 만큼 다시 만나는 순간은 감동적이었다. 이란의 사막마을 야즈드에서 터키의 해안마을인 트라브존까지 2,000km가 넘는 먼 거리를 히치하이크해야 했지만 그를 보기 위해 오길 잘한 것 같았다.

그리고 우리의 여정은 다시 시작되었다. 트라브존에서 올두, 그리고 삼순을 지나 앙카라 근교까지 8번이나 히치하이크를 했다. 짧은 거리를 가는 사람들이 대부분이라 차를 여러 번 갈아타야 했던 것이다. 어젯밤의 우여곡절 때문에 트럭을 히치하이크하는 건 꺼림칙했지만 신이와 같이하는 히치하이크는 위험하지 않을 것 같다는 판단에 남성 운전자의 차나 트럭도 마다하지 않았다.

한 번은 굉장히 더러운 트럭에 올라탔다. 운전자는 착하고 순박해 보이는 사람이었다. 앙카라에 거의 다다른 밤 11시. 신이는 트럭의 뒷좌석에 누워서 자고 있었고, 나는 앞좌석에 웅크리고 앉아 졸고 있었다. 그런데 누가 머리를 쓰다듬는 것 아니겠는가! 가만히 숨을 죽이고 있었는데 다시 한 번 손이 뺨을 스쳤다. 흠칫해서 눈을 살짝 떠보니, 트럭 운전사가 핸드폰을 거치대에 걸쳐 두고 속옷만 입은 여자 사진을 보며 잔뜩 흥분한 얼굴로 운전을 하고 있었다. 두려운 마음에 바로 신이를 깨워서 뒷좌석에 같이 앉아 갔다.

가로등 불빛도 하나 없는 고속도로라 다음 휴게소에 도착할 때까지는 내리고 싶어도 내릴 수가 없었다. 신이는 바짝 긴장해서 떨고 있는 나를 가슴에 꼭 안아 머리를 쓰다듬어주었다. 쾌씸한 변태 운전사는 아무 일도 없었다는 듯 태연한 표정으로 우리를 가장 가까운 휴게소에 내려주었다. 만약 신이가 없었더라면 난 어떻게 되었을까. 상상만 해도 구역질이 날 것만 같았다.

휴게소에서 밤을 보내고 아침에 다시 히치하이크를 하자며 안으로 들어갔다. 늦은 저녁을 먹고, 의자 세 개를 붙여 그 위에 침낭을 깔고 들어가 잠깐 눈을 붙였다. 불편한 하루였지만 사랑하는 사람과 함께하는 히치하이크는 가슴이 터질 듯 몹시 설렜다.

앙카라에서 이스탄불까지 가는 길은 비교적 쉬웠다. 아우디를 탄 아저씨가 고속도로 요금소에 내려주셔서 다시 히치하이크를 했다. 이번에도 역시 대형 화물 트럭이었다. 우리는 높은 트럭에 힘겹게 올라탔다. 트럭 운전사도 이스탄불까지 간다기에 갈아탈 필요 없이, 계속 같이 타고 갔다.

대형 화물 트럭을 보며 깜짝 놀랐던 점은 트럭 아래 칸에 요리를 할 수 있는 부엌이 있다는 것이었다. 트럭 운전사는 출출하다며 길을 가다 말고 휴게소 주차장에 잠시 차를 세웠다. 그러고는 부엌 칸을 열어놓고 들고 다니는 휴

대용 의자에 앉아 파스타와 샐러드를 즉석에서 요리해주셨다.

트럭을 타고 가는 길에 사이드미러에 비치는 쌍무지개를 봤다. 마른하늘에 비가 내리기 시작하더니 금새 그치고, 눅눅한 날씨가 갠 후의 하늘은 여러 빛깔을 머금고 있었다. 길게 이어진 쌍무지개는 아스팔트 도로 위에 걸쳐져 있었고, 나는 창문 밖으로 손을 뻗어보았다. 그날은 몹시 사랑스러웠다.

운 좋게 얻어 탄 트럭 안에서 서로의 손을 꽉 잡은 채 우리가 향하는 길을 바라봤다. 사랑하는 사람과 같이하는 히치하이크는 이런 기분이구나. 세상을 다 가진 기분이었다. 트럭 안에서 두 손을 잡고 서로의 눈을 쳐다봤다. 마치 영화 속의 한 장면처럼 두근두근 설렘은 배가 되었고 심장은 쿵쿵 떨려왔다. 그 순간을 붙잡을 수 있다면 나는 무엇이든 할 수 있을 것 같았다.

그렇게 히치하이크를 해서 도착한 이스탄불. 길 것 같았던 밤은 순식간에 흘러가버렸다. 그 후 이스탄불에서 꽤 긴 시간을 함께했던 우리는 서로 다른 목적지로 향해야 했고, 어느새 인연의 끝자락에 서 있었다.

이스탄불의 오렌지색 석양은
너무나 아름다웠어.

배에서 바라보는 불꽃놀이도.
나중에 기억은 무뎌져 희미해지고, 꿈인지 현실인지도 구분되지 않겠지.
정신이 아득해졌어. 선착장 옆 벤치에 앉아 보스포루스 해협을 지나다니는 유람선
을 멍하니 구경하며 얘기하던 것. 행복했어. 같이 걷던 밤거리. 바닷가에서 진지
하게 나눴던 대화들. 무작정 골목과 골목 사이를 쏘다니던 것. 오일 파스텔로 정성
들여 날 그려주던 것. 너의 간절함. 열정. 꿈. 에너지. 기억이 점점 희미해져가.

너는 나에게 많은 꿈과 생각을 남기고 갔어. 고마워.
지금 이 순간도 난 네가 그리워.
코디카이 선착장에서 바라본 마지막 석양과. 앙카라를 향하며 보던 석양 역시 잊혀지지 않아. 그러고 보니 처음과 끝이네. 꿈인 걸까, 현실인 걸까. 나는 바다에 앉아 있었고 가만히 가라앉는 태양을 바라만 봤어. 아직도 네가 선곡해준 노래들을 듣곤 해. 꿈에 취해 있는 것 같아. 모든 것이 환상처럼.

사막과 바다가 어우러진 카오스

샴엘셰이크의 새벽

　1시간쯤 연착된 비행기 안에서 누가 업어 가도 모를 정도로 푹 잤다. 이집트 샴엘셰이크에 도착한 비행기의 바퀴가 땅에 맞닿아 덜커덩거릴 때 마침 잠에서 깼다. 새벽이라 창밖은 온통 어둠이었지만 이집트의 건조한 공기가 코끝을 간지럽혔다. 선반에서 배낭을 꺼내 허리벨트를 채우고는 당당하게 입국심사대로 걸어갔다.

　비행기에서 나와 공항의 긴 복도를 따라가다 보면 도착 비자를 발급받는 곳이 나온다. 다른 서류는 필요 없이 돈만 쥐여주면 된다. 근데 이게 웬걸. 분명 25유로로 알고 왔는데, 30유로를 달라고 한다. 요 몇 달 사이에 비자 가격이 상승한 것인가. 새벽 3시에 도착한 나머지 너무 피곤해 그저 고개만 갸우뚱하며 30유로를 냈다. 공항을 빠져나와 여권에 붙은 새로운 비자를 보고 흐뭇해져 실실 웃고 있는데 뭔가 이상했다.

　'어라, 왜 비자에는 25유로라고 써 있지. 엇, 이집트 첫날부터 당했다!'

　알고 보니 내가 비자를 발급받은 곳은 정식 발급처가 아니었다. 진짜는 공항 구석에 있었고, 나는 사설업체에서 5유로를 바가지 쓴 것이었다. 분하다, 분해. 흐뭇했던 기분은 순식간에 불쾌해졌다. 가늘게 눈을 떠 애꿎은 공항만 째려봤다.

공항에서부터 일명 여행자들의 블랙홀로 불린다는 다합을 가려면 택시를 타야만 하는데. 아침이면 어떻게든 발품을 팔아 저렴한 버스를 찾아볼 텐데 새벽이라 공항 밖에는 택시 외에 다른 교통수단이 존재하지 않았다. 그때 마침 같은 비행기를 타고 온 독일인 네 명도 다합에 간다고 하기에 함께 동행하는 게 어떻냐 물었다. 그들은 나의 제안에 흔쾌히 응했고, 각자 50파운드 (3,500원)씩 내고 택시에 합승하게 됐다. 난생처음 보는 이집트의 밤 풍경. 창밖은 어둠으로 아무것도 보이지 않았지만 분명 좁은 도로 옆에는 흙바람이 날리는 황량한 모래밭이 있을 것 같았다.

프리다이버 강사인 동행들과 차 안에서 간식을 나눠 먹으며 수다를 떨다 보니 눈 깜짝할 새에 다합에 도착했다. 다합 한복판에서 내린 후 우리는 각자의 숙소를 찾아가기 위해 흩어졌다. 난 또다시 혼자가 되었다.

새벽 4시가 조금 넘은 시각. 길거리에는 사람 한 명 다니지 않았다. 내 발걸음 소리가 아니면 쥐 죽은 듯 조용한 밤거리가 무서웠다. 혹시라도 이상한 사람이 갑자기 나타난다면 소리를 빽 지르며 뛰어야겠다는 각오를 하며 걸었다. 몸을 움츠리고 경계심 가득한 표정으로 걷는데 마침 동네 빵집에 불이 켜져 있었다. 창문 안을 살짝 들여다보니 빵집 주인이 안에서 한창 빵을 만들고 있었다. 똑똑- 창문을 두드리자 빵집 주인은 빵을 반죽하다 말고 문을 열고 밖으로 나왔다.

"저기, 혹시 이런 이름의 숙소 들어보셨나요?"
"음…. 아니. 처음 듣는데 스쿠버다이빙숍을 말하는 거면 바닷가 근처에 많을 거야. 바다는 저쪽 방향으로 쭉 가면 돼."

빵집 주인이 가리킨 방향을 향했다. 혼자서 어두운 상점 골목을 지나 걷다 보니 어느새 바다가 눈앞에 펼쳐져 있었다. 짙은 파랑색의 깊은 바닷속에는 커다란 달이 유유히 헤엄을 치고 있었다. 순간, 모든 시간이 멈췄다. 길을 헤매고 있었지만 푸른 빛깔의 바다와 쏟아질 듯한 하늘의 별들을 보는 순간 난 완전히 그곳에 매료되었다. 숙소를 찾던 걸 잠시 미뤘다. 혼자 바닷가 옆을 거닐며 홍해 주변에 늘어선, 늦은 시각이라 이미 문을 닫아버린 카페의 선베드에 누워 멍하니 하늘을 올려다보았다. 은하수가 보일 정도로 맑고 구름 한 점 없었다.

하늘이 조금씩 밝아져왔다. 서서히 피곤이 몰려오기 시작했다. 별 구경은 이쯤 하고 슬슬 체크인을 해야겠다며 엉덩이를 털고 일어나 자리를 옮겼다. 그런데 아무리 길거리를 찾아 헤매도 내가 예약한 곳은 도통 보이지 않았다. 혹시 아직 열려 있는 호스텔이 있으면 아무에게나 물어보자며 여기저기를 기웃거리고 있었는데, 때마침 무작정 들어갔던 숙소 마당 해먹에 편안한 자세로 누워 책을 읽고 있는 남자를 발견했다. 너무 반가워서 덥석 말을 걸었다.

"저… 혹시 캥거루 하우스라고 들어보셨나요? 예약을 해놨는데 숙소를 못 찾겠네요. 밤이라서 그런지 연락을 받지도 않아요."

부인과 고양이 한 마리와 함께 여행을 온 그는 내 딱한 사정을 듣더니 자신의 더블룸에 있던 여분의 작은 침대를 하나 내주었다. 밖에서 노숙을 하지 않아도 돼서 마음이 조금 놓였다. 하룻밤만 신세 지자는 마음으로 방문을 조심스레 열고 들어갔다. 침대 옆에 가방을 내려놓고 두 발을 뻗은 채 깊은 잠에 빠져들었다. 아침에 눈을 떠보니 고양이가 내 품에 쏙 안겨서 자고 있었고 부부는 아침식사를 준비하고 있었다. 아침을 간단히 먹은 후 예약했던 숙소에 연락을 해보니 이번엔 다행히 호스텔 스태프가 전화를 받았다.

알고 보니 새벽 내내 찾던 숙소는 여기서 몇 걸음 떨어지지 않은 곳에 위치해 있었다. 등잔 밑이 어둡다더니… 진짜였잖아?

여행자들의 블루홀, 다합

       평화로운 다합에서 처음 3일은 아주 지독한 감기몸살로 고생을 했다. 도미토리에서 하루 종일 쿵쿵거리며 콧물을 풀다가 민폐인 것 같아 양쪽 콧구멍에 휴지를 꽂고 하루 종일 침대에 누워 있었다. 뜨끈뜨끈한 이마로 계란프라이도 요리할 수 있을 것 같았다. 며칠간 미열에 시달리다 보니 여행이고 뭐고 아무것도 하기 싫었다. 말할 기운도 없었다. 그냥 집에 돌아가 엄마가 만든 죽에 간장과 참기름을 넣어 싹싹 긁어 먹고는 솜이불 속에서 푹 자고 싶은데, 이집트에서 엄마표 죽을 찾을 길이 없었다. 잠이라도 실컷 자야겠다며 무더운 방에서 이불을 폭 뒤집어쓴 채 3일을 내리 침대에서 꼼짝도 하지 않았다. 그렇게 시간이 지나고서야 감기는 나을 기미를 보였다.

    모처럼 길거리로 나섰다. 눈앞에 펼쳐진 풍경을 보니 첫날 혼자서 봤던 고요한 바다와는 정반대의 분위기였다. 날이 밝자 하나둘 나타나기 시작한 이들로 거리는 북적거렸고 사람들은 노천카페에서 생과일주스를 마시며 한없이 여유로움을 만끽하고 있었다. 다합은 평화로움 그 자체였다.

    바닷가 근처에는 다이버숍과 다이버들이 머무는 숙소뿐이었다. 작은 마을은 온통 다이버들로 넘쳐났다. 다이빙을 배우기 시작한 나 또한 아침으로 간단하게 토스트나 계란 요리를 먹고, 몇백 원밖에 안 하는 망고주스를 마신 뒤 바다에서 다이빙을 했다. 해가 지고 날이 선선해지면 동네 슈퍼에 장을 보러 가기도 했고, 길가에 그려진 벽화를 구경하러 가기도 했다. 그렇게 매일매일 여유를 부리며 동네 탐방, 아니면 바닷속 탐방으로 시간을 보냈다.

물속에는 형형색색의 산호들이 살았다. 보랏빛, 초록빛, 노란빛, 파란빛, 분홍빛, 모양도 가지각색이었다. 스펀지 같은 특이한 생김새의 산호도 있었으며 뾰족뾰족한 산호도 있었다. 다이빙을 하는 첫날, 산호초가 예쁘다며 가까이 다가갔다가 실수로 산호를 발로 밟아서 강사님께 무척 혼났었다. 만져도 되는 줄 알았는데 산호는 약한 충격에도 잘 부서지고 다시 자라려면 몇백 년을 기다려야 한다고 한다. 그렇게 귀하신 몸을 밟다니 산호님에게 죄송할 따름이었다.

이따금 카메라를 목에 걸고 물속에 들어가 물고기들의 사진을 찍곤 했다. 파도가 넘실거렸다. 물고기가 가는 방향으로 물고기의 뒤를 쫓아갔다. 그러다 보면 그들의 아지트라도 되는 건지 엄청 많은 물고기들이 바닷속을 유영하고 있기도 했다. 미역같이 생긴 해초들은 물살에 따라 춤을 췄고 햇빛은 물을 뚫고 투과되어 여러 갈래의 빛이 바닷속을 비추었다. 나는 안에는 수영복을 입고 슬리퍼에 반바지, 반팔 차림으로 길거리를 돌아다녔다. 언제라도 바다에 뛰어들 수 있도록 만반의 준비를 한 것이다. 그렇게 매일 물에 들어가 수영을 하고 햇빛을 온몸으로 받다 보니 하루가 다르게 피부가 까매져갔지만 말이다. 완전 오븐에 노릇노릇하게 잘 익힌 구릿빛 통닭이 된 것 같았다. 태어나서 이렇게 오랫동안 물에 살다시피 한 것은 처음이었다.

해가 지평선 너머로 내려갈 즈음이면 숙소 사람들과 마트에서 장을 봐 요리를 했다. 해산물이 무척 저렴해서 거의 매일 해산물을 요리해 먹었다. 바닷가 옆 노천 레스토랑에서 호화로운 저녁식사를 해도 한국에서 파는 가격에

비하면 1/3도 채 되지 않았기에 일주일에 두어 번은 레스토랑에서 시원한 맥주 사카라와 함께 해물리조또나 스테이크를 먹기도 했다. 저녁을 먹고 나면 우리는 둥글게 모여 앉아 커다란 양푼을 두고 메론과 수박을 통째로 잘라 사이다와 섞은 화채를 만들어 먹을 때도 있었다.

어둠이 내리면 해먹에 누워 숙소 사람들이 기타 연주에 맞춰 부르는 감미로운 노래를 듣거나 아무도 없는 바닷가 앞 선베드에 누워 떨어지는 별똥별을 보며 밤하늘을 한껏 안았다.

어드밴스 자격증을 취득하다

　　다이빙할 때 가장 신나는 순간은 바닷속 예쁜 물고기와 바다의
꽃 산호초를 마주할 때다. 비록 커다란 가오리나 바다거북을 본 적은 한 번도
없지만 화가 나면 몸을 빵빵하게 부풀린다는 복어, 산호초 사이를 열심히 헤
엄치는 알록달록한 작은 물고기들, 못생긴 곰치, 특이한 색깔의 광대새우, 화
려한 줄무늬의 쏠배감펭, 바다장어, 거대한 물고기 떼, 주황색 물고기 니모와
니모 친구 도리 등 다양한 물고기들과 함께 바닷속을 헤엄쳤다.

　　힘든 점도 몇 가지 있었다. 무거운 다이빙 장비를 센터에서부터 들고 나오
는 것, 물에 젖은 슈트를 벗는 것, 그리고 물속에서 효율적으로 숨을 쉬는 것
이었다. 어느 누가 처음부터 물속에서 숨을 쉬는 게 편하겠느냐만, 꽉 조이는
다이빙 슈트를 입고 움직이는 일은 생각보다 더 불편했다. 슈트에 오리발까
지 신고 오리처럼 뒤뚱뒤뚱 다이빙 장비를 챙겨 바다에 입수했다. 물속으로
갑자기 내려갈 때면 수압 때문에 귀가 먹먹한 느낌이 드는 것도 어색했다. 어
색하기만 하면 다행이지. 누가 귀를 콕콕 찌르는 마냥 쑤셔왔다. 코를 팽하고
풀어 이퀄라이징으로 압력을 맞춰야만 그 느낌이 사라졌다. 수영에는 자신
이 있었지만 오리발을 끼고 드넓은 바다를 누비는 것은 여간 쉬운 일이 아니

었다. 오리발이 갑자기 발에서 빠져버리면 물속으로 빠르게 가라앉기 때문에 서둘러 오리발을 잡으러 뒤따라가야 했다. 하지만 여러 불편함에도 다이빙의 좋은 점을 말하자면 입이 아플 정도로 너무너무 많다. 무엇보다 신비로운 바다세계를 탐험할 수 있다는 것이 가장 큰 장점이다.

가본 장소 중 제일 신비로웠던 곳은 사막 바로 옆에 위치한 블루홀의 수중 엘리베이터라고 부르는 곳이었다. 약 30미터 정도 길이의 수직 통로인데, 엘리베이터 같은 원형 통로는 지름이 1미터 정도 되었고 사방은 온통 형형색색의 산호들로 가득했다. 산소통을 메고 한 손으로는 코를 막고 30미터 깊이의 산호초 수직 동굴을 중력을 따라 내려간다. 산호들로 둘러싸인 몽환적인 동굴은 넓은 바다로 이어지는 통로였다. 30미터의 통로를 지나면 탁 트인 시야와 함께 넓고 푸른 홍해로 빠져나왔다. 바닷속에서 바라보는 하늘은 이런 모양이었구나. 투명한 바다 안에서 올려다보는 하늘과 그 사이를 살짝 막고 있는 잔잔한 물결은 너무나도 평화로웠다. 안에서 올려다보는 태양도 신비롭기만 했다.

다이빙의 매력에 푹 빠진 나는 오픈워터와 어드밴스 자격증을 따기로 마음 먹었다. 자격증을 위해서는 필기시험을 쳐야 했는데, 시험을 앞둔 저녁, 분명 다음 날 시험이 있다는 것을 알면서도 숙소 사람들과 함께 요리를 하고 술을 마시며 탱자탱자 노느라 공부를 전혀 하지 못했다.

자기 전에 조금이나마 시험에 나올 만한 내용을 외우려고 침대에 누워 책을 펼쳤지만 공부는 역시 책상에서 해야 하는지 아침에 정신을 차려보니 책에 있는 흔적이라고는 자면서 흘린 침만 잔뜩이었다. 큰일 났다. 눈을 뜨자마자 세수를 할 시간도 아까워 교재를 펼치고 강사님이 중요하다고 강조했던 것들을 줄을 쳐가며 꼼꼼히 외웠다. 덕분에 다행히도 시험은 커트라인으로 통과할 수 있었다.

'다음 생에는 물고기로 태어나는 것도 나쁘지 않겠다.'

어드밴스 시험을 패스하자 나이트록스 코스 교육만 남았다. 처음 들어가보는 다이빙숍 창고에는 신기한 장비가 많았다. 산소탱크도 가득했다. 산소통을 능숙하게 다루는 강사님의 도움으로 이번 나이트록스 코스에서는 나만의 산소통이 생겼다. 비록 하루밖에 못 쓰겠지만, 테이프에 내 이름과 산소 함유량을 적어 붙여놓으니 왠지 전문 다이버가 된 것 같았다. 나이트록스는 다이빙 시 일반 산소통보다 산소농도가 높은 특수한 산소통을 사용하는 코스다. 산소통의 산소 함유량이 훨씬 높아서인지 물속에서 숨을 들이마실 때 좀 더 상쾌하고 시원한 기분이 들었고, 다이빙 후에도 일반 산소통을 사용했을 때보다 덜 피로했다. 그렇게 나이트록스 스페셜티까지 총 3개의 코스를 끝마치고 자격증을 따낼 수 있었다.

✈ 황토빛의 이슬라믹 카이로

다합에서의 생활을 뒤로한 채 이집트의 수도 카이로로 이동했다. 그곳에서 이슬람이라는 이름의 친구와 마이크로버스를 타고 이슬람 지구인 이슬라믹 카이로에 갔다. 마이크로버스는 현지인들이 주로 이용하는 교통수단이라 외국인은 바가지를 당할 확률이 높았다. 버스정거장이 따로 표시되어 있지도 않았으며, 타자마자 아랍어로 목적지를 말해야 하기 때문에 현지인과 함께 타는 편이 훨씬 안전했다. 별 탈 없이 이슬라믹 카이로에 도착한 우리는 카이로의 경치를 보기 위해 주웨일라 성문 안쪽에 위치한 사원 첨탑에 올라갔다.

물론 나는 외국인인지라 입장료를 세 배는 더 비싸게 내야 했지만 이슬람이 매표소 직원에게 잘 말해준 덕분에 현지인 가격을 내고 들어갈 수가 있었다. 야호! 높은 곳에 올라와 한눈에 내려다본 카이로는 온통 옅은 황토색이었다. 지금껏 봐온 어느 도시와도 다른 이국적인 모습에 눈이 절로 휘둥그레졌다. 뜨거운 햇살이 내리쬐는 오후 1시였지만 황토빛으로 물든 도시는 더위를 잊게 만들 정도로 매력적이었다. 마치 도시 전체가 갈색톤으로 보이도록 누군가가 세피아 필터를 끼얹은 것 같았다.

　내려다보이는 거리에는 몇백 년 시간의 흔적이 고스란히 묻어 있었다. 전혀 다른 세상 같았던 카이로는 중세와 현재가 뒤엉켜 왁자지껄한 삶의 터전을 이루고 있었다. 셀 수 없이 많은 모스크와 첨탑, 미나레들. 첨탑의 도시에서는 하루에 다섯 번씩 종소리가 울려 퍼졌다. 처음에는 어색했지만 한 달째 이집트에 머물다 보니 이곳을 떠나 더 이상 종소리가 들려오지 않게 된다면 왠지 허전할 것 같았다.

　전망을 실컷 즐긴 뒤 우리는 사원에서 내려와 골목 끝에 있는 생과일주스 가게에 들어갔다. 사탕수수주스를 시켰는데 특이하게도 컵이 아닌 일회용 비닐봉투에 주스를 따라주고는, 입구를 고무줄로 칭칭 묶고 빨대를 꽂아주었다. 300원밖에 안 하는 사탕주스는 달달하니 맛있었다. 그밖에도 망고주스, 석류주스 등 다양한 생과일주스가 한국과는 비교가 안 될 정도로 저렴한 가격에 판매되고 있었다.

골목을 따라 걷다 보니 화려한 알 아자하르 모스크가 나왔다. 모스크에 들어가려면 무조건 차도르를 입어야 했기에 모스크 입구에서 갈색 차도르를 빌려야 했다. 입는 법을 정확히 몰라서 대충 뒤집어썼는데 키가 작아서 그런지 차도르가 땅에 질질 끌렸다. 거울에 비친 내 모습은 마치 미국 애니메이션의 주인공 '꼬마유령 캐스퍼' 같았다.

신발을 벗고 모스크의 내부로 발걸음을 옮겼다. 고요하고 경건한 이슬람교의 공간이 나왔고 부드러운 카펫의 촉감이 맨발바닥에 닿았다. 모스크의 한 구석에 자리를 잡고 주위를 둘러보았다. 신자들은 웅크린 채 조용히 기도를 올리고 있었고 그 외에도 모스크 안에서 휴식을 취하는 사람, 간식을 먹는 사람, 이야기를 나누는 사람도 있었다. 모스크는 단지 기도만을 위한 공간은 아니었나 보다. 휴식의 공간이기도 했으며 삼삼오오 모여 앉아 담소를 즐길 수 있는 문화 공간이기도 했다. 모스크란 이슬람교 신자에게 있어 삶의 중심이 되는 장소였다.

'우와, 하루에 한 잔씩은 꼭 주스를 마셔야겠다!'

라마단 기간 동안 살아남기

어느덧 카이로에서 지낸 지 일주일이 지났고, 라마단의 첫날이 다가왔다. 떨렸다. 그것도 무척! 시내의 몇몇 음식점을 제외한 대부분의 상점들은 문을 닫았다.

> '쫄쫄 굶으면 어떡하지. 너무 목말라서 물 마시는 것도 사람들이 눈치를 주면 어쩌지. 배고플 때는 어떻게 참지. 몰래 화장실에 들어가서라도 먹어야 하나.'

먹는 것에서 삶의 즐거움을 느끼는 나에게는 이 모든 게 중요한 문제였다. 라마단 기간에는 해가 떠 있는 동안은 금식이었다. 그래서 사람들은 해가 지고 난 저녁 7시쯤에 아침을 먹었다. 듣기에는 다소 생뚱맞지만 하루의 첫 끼를 아침식사라고 부르고는 했다. 저녁에 먹는 아침식사를 정식 명칭으로는 '이프타르'라고 불렀다.

날씨는 푹푹 찌지, 밥은 제때 못 먹었지, 힘이 없어서 그런지 낮에는 집에서 조용히 쉬거나 낮잠을 자고, 코란을 읽으며 기도를 하다가 해가 지는 저녁

7시부터 일상을 시작했다. 자정이 되면 번화가는 짜이를 마시기 위해 오토바이를 타고 카페에 온 청년들로 붐볐다. 특히 잠들지 않는 헬리오폴리스의 밤거리는 라마단을 기념하는 화려한 조명 장식과 등롱이 수놓아져 있었다. 새벽 1시에는 저녁을 먹기 위해 나온 사람들로 음식점이 만석이었다. 새벽 3시가 되기 전에, 해가 지평선에 드러나기 전에 그들은 식사를 마치고 친구들과 수다를 떨며 느긋하게 물담배를 피우거나 짜이를 즐겼다.

해가 떠 있지 않는 저녁 7시부터 새벽 3시까지가 음식을 먹을 수 있는 시간이었기 때문인지 라마단에는 유독 많은 사람들이 밤늦게까지 집 밖에 나와 있었다. 그런고로 직원 복지를 위해 출근시간을 늦춰주는 회사도 많았고, 영화관에서도 조조 상영시간을 낮 12시로 늦춰주기도 했다.

라마단의 장점 중 하나는 친구들, 가족들과 더욱 돈독해질 수 있다는 점이다. 이 기간에는 이프타르를 먹으며 소중한 사람들과 함께 보내는 시간이 많아지기 때문이다. 라마단 첫날에는 디저트숍에 줄이 끊이질 않았다. 다들 베스푸사, 규네페, 크림망고 등 전통 디저트를 사서 자동차에 싣고 가족들을 만나러 집으로 향했다. 마치 우리나라의 명절처럼 동네 주민들과 서로 먹을 걸 나누기도 하고, 심지어 퇴근시간에 차를 운전하고 가다 보면 신호등 근처에서 사람들이 창문 안으로 간식거리를 건네주기도 했다. 모스크에서도 주민들에게 무료로 음식을 나눠주었다. 말하자면 라마단은 나눔의 기간이라고 할까. 라마단 기간에는 평소보다 호의적으로 행동하려는 사람들이 많았다. 그리고 라마단이 끝나면 이를 기념하기 위해 마을 곳곳에서 약 일주일간 성대한 파티를 한단다.

그나저나 낮에는 밥을 굶어야 하나 걱정했는데 늦게 자고 늦게 일어나다 보니 저녁 7시에 아침을 먹는 것이 별로 힘들지 않았다. 게다가 해가 없는 동안 음식을 잔뜩 비축해놓으면 하루 종일 배가 불렀다. 아마 내가 이집트의 보

수적인 시골마을을 여행 중이었다면 라마단 기간이 꽤나 고되었을 테지만 수도 카이로에는 외국인들이 많아서 그런지 낮 시간 동안에도 열려 있는 음식점들이 몇 군데 있었다. 또한 이슬람교도들만 있는 것이 아니라 다른 종교 신자들도 있었기에 라마단 동참 여부에 큰 간섭은 없었다.

하루는 이집트인 친구 코코가 집에서 '접시파티'를 한다며 나를 초대해주었다. 접시파티는 초대된 사람들이 각자 다른 음식을 요리해 오거나 사와서 다른 사람들과 나눠 먹는 파티다. 나일강 건너편에 사는 코코네 집에는 열 명이 넘는 이집트인 친구들이 이프타르를 먹기 위해 모였다. 나는 미처 요리를 할 시간이 없었기에 코코네 집 근처에서 꼬치요리와 고기를 싸먹을 피타 빵, 후무스를 사갔다. 코코의 친구들과 한 자리에 모여 음식을 나눠 먹으며 즐거운 시간을 보냈다. 안타깝게도 라마단이라 술을 마시는 건 금기여서 다들 소파에 둘러앉아 차를 밤새 홀짝였다. 차를 마시다 문득 하늘을 올려다보니 아침햇살이 떠오르고 있었다.

치킨과 스핑크스

여러 유적지가 세계유산으로 등재되어 있는 이집트에 왔건만 흔한 유물 하나 구경하지 못했다니. 아마 그동안 현지인들과 동네탐방에 몰두했었기 때문이려나. 아무리 그래도 떠나기 전에 스핑크스와 피라미드는 꼭 봐야 하지 않겠는가. 그래서 다합에서 알게 된 찬이 오빠와 지하철을 타고 기자의 쿠푸왕 피라미드와 스핑크스를 보러 갔다.

기자역부터 피라미드까지 가는 길에는 여행객의 돈을 노리는 사기꾼들이 많다고 귀가 따갑도록 들어왔다. 우리는 경계태세를 갖추고 마을버스로 갈아타 피라미드 근처에서 내렸다. 사막 한가운데나 있을 줄 알았던 피라미드는 버스정거장에서 얼마 떨어지지 않은 곳에 위치하고 있었다. 피라미드 주변에는 낡은 주택들이 있었고, 바로 맞은편에는 KFC와 피자헛이 있었다. 우리는 KFC 2층에 앉아 나란히 서 있는 세 개의 피라미드를 정면에서 바라보며 치킨을 뜯었다.

피라미드는 멀리서 보면 작았고, 가까이서 보면 거대하게 느껴졌다. 피라미드 앞에 서보니 돌덩어리 하나가 내 키만 했다. 스핑크스는 커다란 고양이처럼 앞발을 내밀고 깜찍한 포즈로 앉아 있었다. 어찌나 정교하게 지어졌는

'기자의 대피라미드가 시내에서 이렇게 가까운 곳에 있었다니!'

지 발가락도 정확히 4개고, 긴 꼬리도 달려 있었다. 그러나 안타깝게도 스핑
크스의 코는 떨어졌고, 턱수염은 현재 대영 박물관에 전시되어 있다고 한다.

유적지 방문을 마치고 찬이 오빠와 나는 신시가지인 마디 지역을 돌아다녔
다. 꼬르륵. 밥 먹은 지 얼마나 됐다고 또 배가 고팠던 우리는 길 가다 보이는
맥도날드에 들어갔다. 그때가 마침 저녁 6시 45분이었는데, 맥도날드는 사람
들로 가득 차 있었다. 그런데 희한한 점은 다들 햄버거를 시켜놓고 테이블 위
에 놔둔 채 멀뚱멀뚱 쳐다만 보는 것이었다.

'아니, 왜 먹을 것을 앞에 두고 구경만 하는 거지? 아 참, 라마단이지!'

정각 7시가 되면 먹으려고 미리 시켜놓고 대기하고 있었구나. 그들의 준비

성에 감탄했다. 우리는 무슬림이 아니어서 그냥 먹어도 상관없긴 했다만 뭔가 눈치가 보여 다른 사람들이 먹을 때 같이 먹자며 테이블에 햄버거를 올려둔 채 일분일초가 지나가기만을 기다렸다.

땡- 7시가 되자 멈추었던 시간이 다시 움직이기라도 한 듯 사람들이 동시에 햄버거를 집어 한입 크게 베어 물었다. 물론 그들 중에는 우리도 포함되어 있었다.

너의 청춘을 즐겨봐

슬로바키아 스카우트 캠프

X를 찾아서

브라티슬라바의 호스트 매티가 작년 스카우트 캠프에서 자신이 직접 촬영한 영상을 보여주었다. 보이스카우트 단장이었던 매티와 스카우트 소년들이 드넓은 자연을 뛰어다니는 영상.

"재밌어 보인다! 나도 이런 캠프에 참가할 기회가 있으면 참 좋을 텐데…."
"너도 올래? 다음 달에 청소년 스카우트 캠프에 일하러 갈 거야."

예상치 못한 대답을 들은 나는 환호성을 질렀다.

"꺅!! 갈래, 가고 싶어! 언어가 안 통할 텐데 괜찮을까? 준비물은 뭘 챙겨야 되지?!"

스카우트 캠프라니! 몹시 신났기에 당장 내일이라도 떠날 것처럼 설레발을 쳤는데, 캠프는 다음 달에 열린다기에 그때까지 근처 나라들을 여행하고 있기로 했다.

그리고 부다페스트에 머무르는 사이 매티에게서 반가운 연락이 왔다. 드디어 내일이 스카우트 캠프가 시작되는 날이란다. 유럽에 여행을 와서 캠프에 참가하고 싶어 하는 특이한 사람이 누구인지 다들 궁금해한다던데…. 벌써부터 스카우트 캠프가 잔뜩 기대됐다. 매티는 캠프가 열리는 도브라보다 마을 지도 한 장을 첨부해주었다. 지도 한 귀퉁이에는 X자가 그어져 있었다. 마을 근처 숲속에 X가 표시된 장소로 찾아오라는데…. 이거 무슨 보물찾기 같잖아! 첫날에는 커다란 캠프파이어도 열릴 예정이란다.

낡은 마을버스를 타고 도브라보다까지 가는 길은 그야말로 시골길이었다. 버스는 차가 한 대만 다닐 수 있을 만큼 좁은 논길을 데굴데굴 굴러갔다. 그렇게 약 1시간을 산 속으로 들어가자 작은 시골마을 도브라보다가 나왔다. 마을을 둘러싼 사방은 나무가 빽빽한 숲인데, 캠프가 열리는 장소 X는 얼마나 깡시골일까.

'동서남북도 적혀 있지 않다니….'

매티가 보내준 지도에는 X자를 제외한 어느 표식도 없었다. 지도상으로는 숲속으로 5km를 걸어 들어가면 나오는 평야 한가운데 어딘가라는데, 마을 주민들에게 지도를 보여줘도 다들 모르겠다며 고개를 저었다. 별 뾰족한 해결책을 발견하지 못한 나는 무작정 걷기로 마음먹었다.

숲속에는 불빛 하나 없었기에 늦게 출발하면 어둠 속에 갇힐 수도 있었다. 서둘러야 했다. 숲길에는 익숙하지 않아 걱정했는데 운 좋게도 같이 버스를 타고 온 고등학생 두 명이 길 찾는 걸 도와주겠다며 나와 동행했다. 우리는 대충 방향을 잡고 여정을 떠났다.

수풀을 헤치고, 오솔길을 따라 언덕을 오르고, 수많은 채소밭을 지났다. 가다가 배가 고파오자 밭에 몰래 들어가 땅에서 캐낸 무를 야금야금 갉아먹기도 했다. 정말이지 태어나서 이렇게 텅 빈, 하늘이 뻥 뚫린 아무도 없는 밭 한가운데를 헤치고 걸어가는 건 처음이었다. 밭두렁을 1시간쯤 걸었을까. 저 멀리서 사람들의 말소리가 서서히 들려왔다. 빽빽한 나무에 둘러싸인 넓은 평야가 눈앞에 펼쳐졌다. 그토록 찾던 X였다. 그 중간에는 스카우트 캠프 깃발과 흰색 텐트가 둥그렇게 설치되어 있었는데, 베이지색 천막에서 매티가 내 이름을 부르며 달려 나와 반갑게 맞이해주었다.

"오느라 고생했어. 스카우트 캠프에 온 걸 환영해!"

숲속 친구들의 숲속생활

숲속에 가만히 앉아 광활한 자연을 보고 있노라면 자연이란 참 대단하게 느껴졌다. 우리들은 샤워실을 직접 만들어 사용했다. 산에서 끌어 온 물을 전기 없이 햇빛만으로 데워 호스에 연결하고 호스는 나뭇가지 위에 매달아 샤워하는 데 사용했다. 그래서 이른 오전이나 저녁이 아닌 대낮에만 따뜻한 물로 샤워가 가능했지만, 시간만 잘 맞추면 나무와 나무 사이에 천막을 쳤을 뿐인 자연 한복판에서 콸콸 쏟아져 나오는 따뜻한 물을 즐길 수 있었다. 샤워장 바로 옆에는 계곡이 있었고 그 옆에는 작지만 수영하기 적당한 높이의 자연 풀장이 있었다. 한여름에도 나무가 무성한 그늘 아래 있어서인지 목욕탕의 냉탕처럼 차가웠다. 햇살이 세게 내리쬐는 날, 더위에 지칠 때면 차가운 계곡물에 뛰어들어 아이들과 물장구를 쳤다.

처음에는 아이들이 물이 너무 차가워서 나는 절대 못 들어올 거라며 도발하기에 잘 보라면서 바로 차가운 물에 입수를 했다. 그러자 다들 눈이 휘둥그레져서 박수를 쳐주었다.

'동네 목욕탕 냉탕에서 물장구친 게 몇 년 차인데, 이 정도쯤이야!'

우리는 화장실도 직접 만들었다. 긴 통나무를 가져다놓고 그 위에 엉덩이만 내놓고 걸터앉아 땅 깊숙이 파여 있는 거대한 구덩이에 볼일을 봤다. 하루가 다 가면 구덩이에 쌓여 있는 변은 흙으로 덮었다. 구덩이가 어찌나 깊고 넓던지, 3주 동안 변이 쌓여도 충분할 것 같았다.

나는 스카우트 캠프에서 담당자들과 아이들을 위한 다양한 활동들을 기획했다. 꼬마 스카우트 대원들과 초등학생 때로 돌아간 것처럼 곤충채집을 하기도 했고 드래곤 속눈썹 찾기 놀이를 한다며 문구점에서 파는 털실뭉치를

숲속 곳곳에 숨겨놓기도 했다.

꼬깔콘 모양의 인디언 텐트에서는 각종 워크숍이 진행되었다. 매티는 아이들 열 명을 데리고 막대를 손으로 비벼 불씨 만드는 법을 알려주고 있었다. 나무에 마찰을 일으켜 직접 불을 피우는 건 실제로 처음 보는 진기한 광경이었다. 여기가 무인도야? 뭐, 전기가 없는 대자연 속에서 생활을 하니 원시시대에 떨어진 것 같긴 했다.

담당 선생님은 아이들이 한글을 배우고 싶어 한다며 한글 워크숍도 열어주셨다. 나는 꼬마 대원들에게 한글 모음과 자음을 가르쳐주었다.

"자, 봐봐. 이것들을 조합해서 자신의 이름을 적어보는 거야. 알았지?"

아이들은 삼삼오오 인디언 텐트에 모여 앉아 모음과 자음을 조합하여 삐뚤삐뚤하게 이름을 적었다. 신기해 보였는지 다른 워크숍을 듣던 아이들도 몰

'세종대왕님, 한글을 만들어주셔서 감사합니다!'

려와 자신들의 이름을 한글로 적어달라며 보챘다. 결국 30명이 넘는 아이들의 팔에 마커로 큼지막하게 이름을 적어주게 되었다. 한글로 써진 자신의 이름이 예쁘다며 방방 뛰는 아이들의 모습에 더욱 신이 나서 마커를 쥔 손이 아픈 줄도 모르고 이름을 적어나갔다. 나를 가장 잘 따랐던 시몬은 내가 한글로 적어준 이름이 적힌 종이를 벽에 붙여두고 볼 때마다 내 생각을 할 거라고 했다. 한글이 이렇게 사랑받다니. 자랑스럽구나.

시끌벅적했던 한글 워크숍이 끝난 뒤, 내 얼굴을 그려보고 싶다는 아이들로 인해 갑작스럽게 얼굴 그리기 경연대회가 열렸다. 꼬마 숙녀들은 성심성의껏 내 얼굴을 그리기 시작했다. 전혀 다른 사람인 것 같은 그림도 있었지만 하나하나 정성이 느껴져 마음이 몽글몽글해지는 순간이었다.

하루 일정을 마친 뒤 저녁을 먹고는 언덕 나무 사이에 매달려 있는 해먹에 누워 휴식을 취했다. 자연 속에 사르르 녹아드는 듯한 그 기분이 참 좋았다. 슬로바키아인들에게 둘러싸여 온종일 슬로바키아어를 듣느라 머리가 아플 때도 있었지만 이색적인 경험을 하는 건 정말이지 가슴 뛰는 일이었다. 그리고 매일 밤마다 고요한 풀밭에는 기타 연주가 울려 퍼졌다. 숲속에서 보내는 하루하루가 너무나도 새로웠다.

자기 전에는 종종 티타임을 갖곤 했다. 커다란 솥에 평야에서 직접 캐온 풀잎을 넣고 팔팔 끓여 만든 달달한 향이 나는 차였다. 한 컵 마시고 누우면 하루의 피로가 전부 씻겨나가는 듯했다.

스카우트 캠프에서의 모든 경험들이 새로웠다. 처음일 것이다. 흔히 쓰던 전기, 전자기기, 문명으로부터 이렇게 오랫동안 떨어져 있던 건. 텐트에서 자는 것도, 태풍 부는 날 휘딱 넘어간 텐트를 직접 고치는 것도, 스카프를 매고 선서를 하는 것도, 하늘에 수놓인 은하수와 별똥별을 헤아리다 잠에 드는 것도. 말이 안 통해도 자연 속에서 모두와 어울릴 수 있었고 난 하루가 다르게 자연친화적인 사람으로 변해갔다. 편리하진 않더라도 자연 속에서 내가 할 수 있는 것을 찾아냄으로써 긍정적으로 바뀌어가는 것 같아서 좋았다. 용기를 내서 새로운 시도를 할 수 있는 내 삶이 정말 사랑스러웠다. 이렇게 좋은 사람들이 내 인생에 스며 들어오는 것도 기분이 참 좋았다.

안녕 스카우트 소년들

저녁식사를 마친 뒤, 스카우트 옷을 단정하게 차려입고 목에는 두건을 두른 꼬마아이들을 이끌고 캠프파이어를 설치한 공터에 선서식을 하러 갔다. 이제 막 초등학교 고학년이 된 아이들은 선서식 이후로 정식 스카우트가 된다. 캠프를 떠나기 전, 아이들에게 한글로 짧은 편지를 써줬다. 비록 알아볼 수는 없겠지만 한글을 보며 나와 함께 보냈던 무더운 여름의 스카우트 캠프를 기억해주길.

텐트를 해체하고 장비를 트럭에 실었다. 캠핑장에 있던 물건을 전부 대형트럭에 싣고 나니 우리들이 머물렀던 캠핑장의 모습은 온데간데없었다. 하지만 그래도 좋았다. 내 마음 속에는 영원히 그때 그 모습으로 남아 있을 테니까.

아이들은 부모님의 차를 타고 집으로 돌아갔다. 엉엉 우는 아이들도 있었고 고작 몇 주간의 만남이었지만 떨어지기 싫다며 다리를 붙잡고 가지 말라며 입을 삐죽 내민 아이들도 있었다. 시몬의 남동생 싸코는 헤어지기 싫다며 두 눈이 빨개지도록 울었다. 내가 내년에도 오겠다는 말을 하자 그제야 배시시 웃으며 잡고 있던 손을 놔주었다. 달려와서 꽉 안기던 내 키의 절반만 한 아이들에게 남은 여름방학도 잘 지내라고 말한 뒤 우리는 헤어졌다. 가끔 한 여름의 그날들이 그리울 때면 눈을 감고 별똥별이 떨어지던, 캠프파이어 앞에 모여 앉아 지새우던 그때의 밤을 떠올리겠지.

트럭을 타고 매티와 함께 집으로 돌아갔다. 샤워를 하고 거실에 앉아 있으니 모든 게 새삼스러웠다. 문명으로 돌아오다니. 3주간 전자기기 없이 살아도 아무렇지 않았는데 다시 모든 게 제자리로 돌아온 듯했다. 은하수가 펼쳐진 밤하늘 아래 잔디밭에 누워 쏟아지는 별똥별을 보며 함께 재잘거리던 밤. 비 온 뒤 맑게 갠 하늘에 뜬 쌍무지개. 전기가 들어오지 않는 숲속평야에서 살던 한여름 밤의 꿈. 항상 들려오던 어린아이들의 웃음소리가 많이 그리울 것 같다.

환경 보존 프로젝트 : 풍요롭지만 검소하게

뮌헨에서 북쪽으로 2시간 남짓 떨어진 작은 대학도시 바이로이트를 찾아갔다. 최근 독일에서 열풍인 '푸드쉐어링'과 '덤스터다이빙'을 배워보고 싶었기 때문이다. 마침 몬테네그로에서 만났던 아노가 환경운동을 하고 있는 두 친구, 안야와 마테를 소개시켜줬다.

선진국인 독일에서는 소비자에게 더 좋은 품질의 식품을 공급하기 위해 살짝 멍이 들거나 상한 야채나 과일, 유통기한이 임박한 제품, 오랫동안 재고가 남아 있는 제품은 전부 쓰레기통으로 보낸다. 겉이 조금 상한 사과나 찌그러진 참치 캔 등 생각보다 멀쩡한 식품이 쓰레기통에 버려졌다. 매시간 독일에서만 버려지는 식품의 양은 400톤! 그래서 최근에는 마트와 협동해서 버려지는 식품을 구조하는 푸드쉐어링, 그리고 버려진 물건을 쓰레기통에서 구출하는 덤스터다이빙이 유행하고 있었다.

푸드쉐어링이란 마트에서 유통기한이 임박한 식품들을 폐기하는 대신 갖고 싶은 사람들에게 무료로 나눠주는 시스템이다. 마트마다 물건을 내놓는 시간은 달랐지만 푸드쉐어링 웹사이트에서 물건을 받으러 갈 시간을 선택할 수 있었다. 안야와 나는 저녁 7시에 '에데카'라는 마트에 식품을 받으러 갔다.

시간에 맞춰 가니 마트 직원이 창고 앞에서 식품을 한 보따리 들고 우리를 기다리고 있었다.

유통기한이 하루 지난 우유와 요거트, 끝이 상한 파프리카와 양상추, 모서리가 찌그러진 캔맥주, 뭔가를 쏟았는지 포장지가 얼룩덜룩해진 시리얼 등을 한아름 안고 돌아왔다. 최소 다섯 명이 나눠 먹어도 될 만큼 많은 양이었다. 우리는 마트에서 얻어온 음식의 일부를 주민회관에 기부하고 나머지는 집에 들고 와서 요리해 먹었다. 상한 부분을 잘라내고 축축한 시리얼 박스를 갖다 버리니 새것처럼 멀쩡해졌다.

그밖에도 길거리에 푸드쉐어링 냉장고가 여러 군데 설치되어 있었다. 그래서 누구나 냉장고에 넣어두고 안 먹는 음식을 갖고 나와 다른 사람과 공유할 수 있었다. 다른 사람들이 먹다 버린 음식을 다시 가져가는 게 부끄럽다고 생각할 수도 있었지만 독일인들의 활발한 푸드쉐어링 활동을 보니 편견이 조금씩 사라졌다. 물론 높은 이윤을 추구하는 대형마트 측에서는 소비자들이 물건을 사지 않고 서로 공유하는 푸드쉐어링을 고운 시선으로만 바라보지 않았다. 그럼에도 소비자들 사이엔 푸드쉐어링을 넘어 덤스터다이빙 프로젝트 또한 유행의 반열에 올라 있다.

덤스터다이빙은 직역하자면 쓰레기통에 뛰어드는 것을 말한다. 대형마트에는 언제나 많은 물건이 들어오지만 상품가치가 없다고 판단되는 순간 즉시 폐기 처리된다. 이미 쓰레기통에 버려진 음식들을 구출하는 일인 것이다. 마테의 친구들과 나는 대형마트가 셔터 문을 내린 늦은 밤이 되어서야 활동을 개시했다. 휴대용 플래시를 들고 살금살금 담을 넘어 마트 주차장에 숨어들었다. 마테와 나는 장갑을 끼고 2미터 높이의 커다란 쓰레기통에서 멀쩡한 음식들을 구조하는 스릴 넘치는 작업을 했다. 언뜻 보면 쓰레기통을 뒤지는 일은 더러워 보였다. 나도 직접 덤스터다이빙을 경험해보기 전까지는 '어떻게 쓰레기통에 들어갔다 나온 음식을 다시 먹을 수 있냐'며 눈살을 찌푸렸으니까.

그러나 우려와 달리 쓰레기통 안에는 혐오스러운 음식물쓰레기가 들어 있는 것이 아니라 쓸만한 물건들과 먹거리가 방치되어 있었다. 우리는 쓰레기통에서 끝이 검게 변한 브로콜리와 몇몇 야채를 한가득 주워 와 깨끗이 씻어 야채스프를 만들었다. 유통기한이 하루 지난 호밀빵도 주워 왔는데, 스프에 찍어 먹으니 든든한 한 끼의 식사가 되었다. 누군가 무심코 버린 음식물쓰레기가 건강한 음식으로 재탄생하다니! 덤스터다이빙을 통해 돈도 절약하고, 환경운동가들도 만나는 등 색다른 경험을 할 수 있었다. 이전에는 막연히 환경보존운동이 어렵다고 느꼈는데 이런 사소한 문화의 확산과 인식의 변화가 쌓여 세상을 변화시킨다고 생각하니 더 이상 환경운동이 멀게만 느껴지지 않았다.

자신감이 넘치던 아노의 말이 떠올랐다.

> "환경문제에는 예전부터 관심이 많았어. 친한 친구와 작은 프로젝트부터 하나씩 시작했는데 생각 외로 재미가 있는 거야. 계속 관련된 일을 하다 보니 어느 순간부터는 세상을 변화시키고 싶어졌어. 내가 80살이 돼서도 현재의 문제들이 개선되지 않는다면 참 슬플 것 같았거든. 자연과 인간이 공존할 수 있도록 사람들의 가치관을 바꾸고 싶어."

📷. 난민캠프 봉사활동 : 마르지 않는 눈물

난민캠프가 근처에 있다고?

세르비아의 작은 국경마을 프레셰보에는 하루 약 5천 명의 난민들이 지나치는 난민캠프가 있었다. 당시에는 많은 난민들이 내전을 피해 유럽으로 유입되고 있었기에 유럽 전역에는 이들을 위한 난민캠프가 있었다. 쉥겐 국가의 난민캠프들은 난민들의 생활을 돕고자 지어졌고 비쉥겐 국가에 있는 캠프들은 난민들이 합법적인 절차를 통해 유럽으로 입국하는 걸 돕는 역할을 했다.

난민들에 대한 이야기는 여행을 하는 내내 숱하게 들었기에 기회가 닿는다면 한번쯤 난민캠프에서 봉사활동을 해보고 싶었다. 이곳저곳 수소문 끝에 난민캠프에서 일을 하고 있는 NGO단체와 연락이 닿았다. 자원봉사자들이 잘 곳도 마련되어 있다니 며칠 지내보는 것도 괜찮겠네, 생각하며 바로 떠날 채비를 했다. 마케도니아의 어느 고속도로 갓길에 선 나는 바로 히치하이크를 시작했다. 그리고 얼마 지나지 않아 허름한 차가 앞에 멈춰 섰다.

"아가씨, 세르비아에는 왜 가려는 거야?"

"프레셰보 아시죠? 거기에 난민캠프가 있다고 들었어요. 한 명이라도 더 도움이 되면 좋잖아요. 가서 제 있는 힘껏 도와보려고요."

"정말 착한 아가씨네. 프레셰보는 세르비아 국경에서 30분 정도 북쪽으로 더 가면 나올 거야. 마음 같아서는 프레셰보까지 데려다주고 싶지만 여권을 놓고 나와서 국경까지밖에 못 갈 것 같아. 아쉽네."

"아니에요, 아저씨. 여기서 내려주셔도 돼요. 집이 근처신데…. 국경은 더 가야 하잖아요."

"아니야. 넌 난민들을 도와주러 가는 건데. 그럼 난 난민을 도우러 가는 너라도 도와줘야지."

마케도니아 국경에서 내려 세르비아 국경을 지나 차를 몇 대 더 갈아탄 후에야 프레셰보에 도착했다. 생각했던 것보다 훨씬 낙후된 마을이었다. 마을 입구부터는 경비가 삼엄한 통제 구역이었다. 관계자 외 일반인은 모두 통제 대상이었고 나 또한 그 앞을 지키고 있는 경찰들에게 자원봉사를 위해 왔다는 걸 한참 설명한 뒤에야 안으로 들어갈 수 있었다.

난민캠프는 그야말로 난장판이었다. 노란 조끼를 입은 자원봉사자들이 분주하게 뛰어다니며 일을 하고 있었다. UNHCR, 국경없는의사회에서 파견 나온 몇 명을 제외하고는 대부분이 자의로 온 봉사자들이었다. 특히 북유럽에서 온 사람들이 많았는데, 난민 유입에 배타적인 다른 나라들에 비해 북유럽은 좀 더 수용적이기 때문일 것이다. 자원봉사자들 중 리더로 보이는 여성을 붙잡고 내가 해야 할 일에 대해 물어봤다.

"저기에 봉사자의 집 보이지? 짐은 거기에 보관하고, 잠은 아무 매트리스에서 자면 돼. 마트도 걸어서 20분 거리에 있어."

"전 여기서 어떤 일을 도와드리면 될까요?"

"뭐든. 여긴 언론에 노출되어 있지 않아서 제대로 흘러가는 게 하나도 없어. 도움이 필요해 보이는 사람이 보이면 뭐라도 하면 돼. 하다 보면 익숙해질 거야. 그리고 매일 아침 앞마당에서 스태프 미팅이 있으니 참고하라고."

나는 긴장이 되어 말없이 고개를 끄덕였다. 짐을 내려두고 다른 자원봉사자들처럼 노란 조끼를 입고 아수라장인 거리로 나왔다.

각지에서 발생한 난민들은 터키에서 그리스, 마케도니아를 통해 세르비아 국경까지 위험한 여정을 거쳐 왔다. 특히 그리스를 통해 오는 과정에서는 작은 불법 선박에 규정보다 훨씬 많은 난민들을 태우는 일이 비일비재했다. 사

람들은 조금이라도 무게를 줄이기 위해 배에 올라타기 전에 귀중품을 제외한 다른 물건들을 버렸지만, 너무 많은 사람들이 몰려 배가 전복되는 경우가 허다했다. 그밖에도 돈이 없어서 배를 타는 대신 지중해를 9시간 이상 헤엄쳐 육지까지 오는 난민들도 있었고, 배가 전복되어 10시간 넘게 바다에 둥둥 뜬 채 애타게 구조를 기다리는 아이들도 있었다.

난민들은 다음 관문인 마케도니아에서 기차를 타고 세르비아로 넘어왔다. 한 번에 천 명. 하루 평균 다섯 대의 기차가 사람들을 실어 날랐다. 난민들은 국경에 도착하자마자 72시간 동안 합법적인 체류를 허가해주는 입국허가서를 발급받아야 문제없이 다음 나라로 이동할 수 있었다.

자원봉사자들이 할 일은 다양했다. 정확한 입국허가서 발급 절차와 정보를 알려주기, 입국허가를 기다리는 난민들 줄 세우기, 아픈 사람을 선별해서 맨 앞줄로 보내기, 티하우스에서 따뜻한 음식을 만들어 배급하기, 현지 버스회사와의 협상을 통해 돈이 없는 난민들에게 무료로 교통 서비스 지원하기, 구호자금으로 구호물품을 구입하고 배급하기, 공터에 텐트를 설치해 난민들이

잘 곳을 마련해주기, 매일같이 쏟아지는 쓰레기 청소하기, 주민들과의 원만한 관계를 유지하기 등 할 일이 끊임없이 생겨났다.

나는 대부분의 시간을 독일인 자원봉사자들과 티하우스에서 요리를 하며 보냈다. 매일 몇천 인분의 스프와 죽을 만들었다. 추위에 떠는 사람들의 몸을 데워줄 따뜻한 차 역시 쉬지 않고 만들었다. 하루는 어떤 사업가가 기부한 구호식량 8천만 원어치를 각각 봉지에 소분해 난민가족들에게 나눠주기도 했다. 몇천 인분을 포장하는 건지, 해가 뜨는데도 일은 끝날 기미를 보이지 않았다.

우리가 머무르는 봉사자의 집은 우리들 중 누군가가 사비로 빌린 집이었다. 방 두 개와 부엌 겸 거실이 있는 다소 작은 크기의 집이었다. 각 방에는 아무렇게나 매트리스를 깔아놓고 약 30명의 봉사자들이 모여서 생활했다. 보통 오전, 오후, 야간 근무를 따로 정해두긴 했다만 사실상 할 일이 너무 많아 체력이 버텨주는 한 하루에 20시간 가까이 일한 후 숙소에서 쓰러지듯 눈을 붙였다.

그토록 캠프의 실상은 암담했다. 하루하루가 생존을 위해 치열해질 수밖에 없는 곳이었다.

10월의 세르비아는 유독 추웠다. 벌써 초겨울이었다. 며칠 동안 쉴 새 없이 내린 비로 길거리는 온통 진흙탕이었다. 하수구가 막혀 길거리에는 흘러 내려가지 못한 흙탕물과 쓰레기로 엉망이었다. 비를 피할 천막 하나 설치되어 있지 않았기에 무릎까지 차오른 물에도 난민들은 몇 시간이고 빗속에서 오들오들 떨며 입국허가를 기다려야만 했다. 천막은커녕 우비를 마련할 자금도 부족했다. 우비가 모자란 날이면 커다란 검은 비닐봉지에 머리와 팔을 넣을 구멍 세 개를 뚫어 우비로 만들었다. 아무것도 모르는 아이들은 비닐봉지의 감촉이 좋다며 신나 했다. 차라리 아무것도 몰라서 다행이었다. 이런 아픔 따위 기억하지 않았으면….

폭우와 정전으로 깜깜한 어둠 속, 정신력으로 겨우 버티며 울부짖는 난민들에게 따뜻한 차를 건네주다 흐르는 눈물을 빗속에 몰래 훔쳐냈다. 무력한 나 자신이 너무나도 원망스러웠다.

하루에도 수백 번씩 좌절감과 상실을 느꼈다. 난 무력했다. 당연한 일이지만 나 혼자서는 모두의 문제를 해결할 수 없었다. 그럼에도 고통 받는 사람들을 바로 앞에서 매일같이 지켜봐야 한다는 건 괴롭지 않을 수 없었다. 하지만 그들도 버티고 있기에 나 역시 마음속에서 솟아나는 절망적인 감정들을 뒤로한 채 그저 버티기로 마음먹었다. 잠을 줄여가며 밤낮없이 일해 온몸이 쑤시고 힘들어도 난민들이 어렵게 받은 입국허가서를 들고 환호성을 지르며 난민캠프를 나서는 모습을 볼 때면 힘든 것도 싹 잊혀졌다. 다만 입국허가를 받기 위해 끝이 보이지 않는 긴 줄에 서 있는 아이들을 볼 때면 특히 마음이 짠해졌다. 엄마의 품에 안겨 있는 아이들. 빛나는 눈동자를 마주할 때면 이런 상황 속에 잘 버텨주어서 고마운 마음도 들었다. 내가 할 수 있는 일은 크지 않았지만 이렇게나마 도울 수 있어서 다행이었다.

"무슬림은 대부분 모태신앙이지. 종교가 부모에 의해 정해지는 건 정말 말도 안 되는
일이야. 그 어린아이들이 뭘 알겠어."

하루는 세르비아 뉴스에서 인터뷰를 청해왔다. 난민들을 왜 도와주냐는데, 아시아인이 여기까지 와서 구호활동을 하고 있으니 여간 신기했나 보다. 곰곰이 생각해봤지만 특별한 이유는 없었다. 그저 내가 도와줄 여력이 되고, 시간이 있으니까 도움을 필요로 하는 사람들을 돕고 싶다. 그게 전부였다. 원래는 며칠만 머물다 가려는 가벼운 마음이었지만 몇천 명씩 쏟아져 들어오는 난민들을 보자 차마 그들에게서 등을 돌릴 수가 없었다. 그들은 도움이 절실했다. 난민수용문제, 종교적 갈등. 이런 건 생각할 겨를도 없었으니까. 그저 머릿속에는 지금 내 눈앞에 서 있는 사람들이 절망에서 벗어나 마음껏 자유를 누리길 바랐다.

디미트로브그라드에서의 파견활동

프레셰보에서 차를 타고 3시간쯤 떨어진 디미트로브그라드로 파견을 나섰다. 불가리아 근처에 위치한 국경마을이었는데, 저녁 6시면 난민캠프가 문을 닫아 난민들이 길거리로 쫓겨나야 했다. 몹시 열악한 상황에 자원봉사자들도 없이 적십자에서 파견 나온 몇몇의 사람들만 있을 뿐이어서 이곳에 비하면 차라리 프레셰보는 아주 체계적이라고 할 수 있었다. 나는 자원봉사자들이 이곳에서 일을 시작할 수 있는 토대를 만들어주기 위해 바쁘게 뛰어다녔다.

그리고 난민캠프에서 일하는 마지막 날. 나는 울적했다. 그동안 이곳에 많은 정이 들었나 보다. 여전히 입국허가소 앞에 길게 줄지은 난민들을 바라보았다. 이상했다. 어쩐지 마음이 짠했고, 동시에 가슴이 떨려왔다. 눈을 감으니 한쪽 손에는 무거운 짐을 짊어지고 다른 손에는 아이들을 품에 꼭 안은 채 캠프로 걸어왔을 강인한 사람들의 모습이 떠올랐다. 힘들어도 자신과 아이들의 미래를 위해, 가정을 책임지기 위해 이곳으로 앞만 보고 걸어온 난민들. 평생을 살면서 누군가를 돕는 일이 이렇게 보람찬 일인 줄 몰랐다. 난민들을 돕기 위해 일했던 모든 시간들, 밤을 새는 건 허다했고 온몸이 쑤시도록 힘들었지만 단 한 번도 후회한 적이 없었다. 오히려 이런 경험을, 그리고 삶에 대한 열정을 알게 해줘서 고마웠다. 동료들과 함께였기에, 난민들에게서 용기를 얻었기에 힘을 낼 수 있었다. 이곳에서 보낸 모든 시간들이 전부 의미가 깊었다.

봉사자의 집 한구석에 풀어놓은 짐을 정리했다. 이 모든 게 마지막이라는 생각에 또다시 감정이 북받쳐 침대에 누워 잠을 청하려 눈을 감아봤지만 잠은 오지 않았다. 침대에서 일어나 노란 조끼를 걸치고 길거리로 나갔다. 새벽 6시까지는 그나마 한산한 시간이었다. 경찰관들과 그동안 하지 못했던 이야기를 나누며 서로를 다독였다. 눈에 보이는 보상이 없을지언정 우리 모두 가슴이 뛰는 일을 하며 보람을 느끼고 있었다. 미래가 불확실한 상황에서도 포

기하지 않는 난민들에게 오히려 내가 더 많은 것을 배워가는 듯해 고맙다는 인사를 하고 싶었다.

지금까지 여러 봉사활동을 해봤지만 난민캠프에서의 일은 차원이 달랐다. 많은 사람들을 한꺼번에 돕다 보니 거기서 얻을 수 있는 성취감이나 희열의 농도가 짙었다. 짙게 밀려오는 고양감에 과연 내가 진심으로 그들을 돕고 싶어 돕는 건지, 아니면 이들을 도움으로써 나 스스로 쓸모 있는 사람이란 걸 확인받고 싶은 건지 의구심이 들기도 했다. 한편으로 내가 이기적인 게 아닌가 하는 생각이 든 것이다. 하지만 나의 이런 고민과 상관없이 도움이 절실한 사람은 분명히 있다. 나는 앞으로도 기회가 되는 한 나의 도움을 필요로 하는 사람들을 돕고 싶다. 현재는 내가 할 수 있는 것에 한계가 있지만 미래에는 더 큰 도움을, 특히 경제적인 면에서도 실질적인 도움을 줄 수 있기를 바란다. 난민캠프에서의 봉사활동은 '좀 더 괜찮은 어른이 된 나'를 꿈꾸게 했다.

난민캠프 강연

"내일 주민회관에서 난민캠프 관련 세미나가 열리는데 혹시 너도 강연 자로 서줄 수 있니?"

얼떨결에 응하긴 했다만, 태어나서 처음으로 강연을 하는 자리였다. 입술이 떨려왔다. 한국어도 아니고, 독일인들 앞에서 영어로 강연을 해야 한다니! 내 말을 알아듣긴 하려나? 아니다, 못 알아들으면 옆에서 통역을 해준다니 걱정 안 해도 되겠군.

앞사람의 강연이 끝나자 내 차례가 왔다. 30명 정도 되는 사람들이 마을회관에 앉아 뻘쭘하게 서있는 나를 초롱초롱한 눈빛으로 바라보고 있었다. 무척 떨렸지만 마음을 가다듬고 입을 열었다. 강연을 들으러 온 사람들은 난민 캠프의 실태와 구호활동에 큰 관심을 보이며 경청했고, 내 말이 끝나기가 무섭게 질문세례가 쏟아졌다.

"현재 상황에서 난민들을 돕기 위해 저희가 할 수 있는 일들은 뭐가 있을까요?"

"기부를 한다든가 구호물품을 보내는 것도 큰 도움이 될 거예요. 그러나 해외에 있는 난민캠프도 중요하지만 독일 안에서의 직접적인 도움도 정말 중요한 것 같아요. 난민들이 독일에 도착해서 잘 적응할 수 있도록 구체적인 도움을 줘야 해요. 난민들을 수용하고 있는 센터들 대부분이 열악하다 들었어요. 곧 겨울이 다가오니 난방에도 많은 신경을 써야 할 테고요. 단지 난민들을 수용하는 것에서 끝나는 게 아니라 이 문제에 대해 꾸준히 관심을 갖고 그들을 도와야 할 것 같아요."

말은 번지르르하게 했지만 나도 사실 정확한 답이 뭔지 확신은 없었다. 도대체 이 막대한 문제를 어떻게 해결하면 좋을까. 풀리지 않는 미로 속에 갇힌 기분이었다. 마음이 차갑게 가라앉았다.

그날 저녁, 다들 수고했다며 칭찬을 한마디씩 해주셨다. 한참 술잔을 기울이고 있을 때, 크로아티아 밥스카의 난민캠프에서 일하고 있는 친구 찰리로부터 연락이 왔다. 국가에서 더 이상 난민들을 받지 않겠노라며 국경을 막아버려서 수만 명의 발이 묶여버렸다고. 진흙길 위에 일주일째 내리는 장맛비로 밥스카는 흡사 지옥과도 같았다며 그는 수화기를 붙잡고 눈물을 토해냈다. 온 세상이 흑백화면이 된 듯 시간은 정지했다. 제대로 숨이 쉬어지지 않았다. 울부짖는 난민들의 모습이 눈앞에 아른거렸다. 무기력했다. 내 작은 힘으로는 아무것도 할 수 있는 게 없었다. 그저 아려오는 마음을 붙잡고 숨죽여 우는 것밖에. 대체 이 불행의 끝은 어디일까.

사실 속마음은 다시 난민캠프에 돌아가서 일을 하고 싶었다. 왜 다시 그 지옥으로 돌아가 돈도 안 되는 일을 하고 싶어 하는 건지 나도 스스로를 이해할 수가 없었다. 복합적인 감정을 토해내자 찰리가 말했다.

"제대로 감정을 추스르지 않는다면 그 감정들이 너를 잡아먹을 거야. 사람들에게 제대로 전달하고 이야기해서 그 속에 파묻혀 있지 말고 앞으로 한발 나아가야 해. 이게 사회운동가가 짊어져야 할 숙명이야."

전부는 아니었지만 그의 말을 어렴풋이 이해할 수 있을 것 같았다. 그 감정에 매몰되지 말고 빠져나와 현실을 직시하는 것. 객관적으로 현실을 이해할 필요가 있다는 것.

흐바르섬에서의 낭만 아르바이트

쁘띠 워킹홀리데이

여행 중에 일자리를 구해 현지에서 일을 해보는 건 내 오랜 버킷
리스트 중 하나였다. 뭐, 다양한 일자리가 있겠지만 항상 호스텔을 전전해오
던 나는 호스텔 스태프로 일해보는 건 어떨지 궁금했다. 마침 친구가 알바를
구할 수 있는 사이트라며 'workaway.com'을 알려주었다. 밑져야 본전이라는
생각으로 크로아티아에 있는 수많은 호스텔에 이력서를 돌렸다. 별다른 연락
이 없었기에 체념하고 있을 무렵, 흐바르섬의 '흰토끼 호스텔'에서 답장을 보
내왔다.

'직원을 구하고 있습니다. 최대한 빠른 날짜부터 같이 일을 했으면 좋겠
네요.'

빼곡하게 고개를 내민 붉은 지붕들의 향연. 마음을 살랑거리게 하는 아드
리아 해풍. 여름의 끝자락. 난 흐바르섬에서 일을 하게 되었다. 하고많은 도시
들 중 흐바르섬에서 일을 하게 되다니. 이거 완전 운명이잖아!

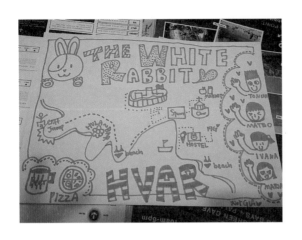

　모든 일정을 뒤로 미룬 채 흰토끼 호스텔을 찾아갔다. 그리고 그곳에서 나는 두 명의 크로아티아인 보스를 만났다. 활기찬 에너지가 흘러넘치는 그들은 별다른 면접 없이 호스텔 안내를 해주셨다. 그나저나 하루에 3시간만 일하면 숙식이 공짜라니. 돈을 받는 건 아니었다만 성수기 흐바르섬의 비싼 숙박비를 생각하면 거저나 다름이 없었다. 짧은 호스텔 투어가 끝남과 동시에 알록달록한 알바생활이 시작되었다.

'흰토끼 호스텔' 알바생의 하루 일과

　　　오전 9시 반. 지난밤 맞춰놓은 알람이 시끄럽게 울리자 허우적대며 잠에서 깨어났다. 벽돌로 지어진 15평쯤 되는 원룸에는 침대 여러 개가 나름의 여유를 두고 떨어져 있었다. 다른 알바생들은 밤새 술을 마셨는지 아직 꿈속을 헤매는 중이었다. 이불을 발밑으로 밀어내고 겨우 침대에서 내려와 출근 준비를 했다.

모두가 곤히 잠들어 있는 방을 열쇠로 잠그고 오래된 성곽을 따라 내리막 길을 걸었다. 가는 길에 보이는 흐바르의 자갈 해변은 언제 봐도 질리지 않았다. 무더운 낮에는 여기에서 수영을 해야겠다며 발걸음을 옮겼다. 호스텔은 흐바르타운 중앙 광장 뒷골목에 자리 잡고 있었다. 총 64명이 묵을 수 있는 제법 큰 호스텔에는 정직원 네 명과 나를 포함한 알바생 다섯 명이 있었다.

10시경, 이바나가 체크아웃할 사람들의 방 번호와 침대 번호가 적힌 종이를 건네주었다. 나는 청소도구함에서 쓰레받기와 빗자루, 그리고 대걸레를 챙겨 종이에 적힌 방을 돌며 청소를 시작했다. 바닥에 떨어진 쓰레기를 주워 버리고, 머리카락이 군데군데 떨어진 베개와 침대 시트를 벗겨내 깨끗한 흰색 시트로 갈아 끼웠다. 새 수건도 돌돌 말아 침대 위에 가지런히 올려놓는 등 샤워실과 화장실까지 반짝반짝 광이 나게 닦았다.

오전 일과가 끝나면 루프탑에 올라갔다. 환한 햇살이 쏟아져 들어오는 호스텔 옥상에는 부엌이 있었는데 여기서 계란프라이와 생과일주스를 마시며

"다들 좋은 아침!!!!!!"

피로를 풀었다. 아침 겸 점심을 대충 먹고 나면 산책하러 밖으로 나선다. 바글거리는 관광객들을 피해 한적한 해변 돌담에 걸터앉아 있을 때면 그렇게 나른할 수가 없었고, 다사로운 햇살을 즐기며 가끔은 절벽 다이빙을 하러 가기도 하고, 해변에 그대로 누워 책을 읽기도 했다. 그러다 보면 어느새 저녁이 되어 호스텔로 돌아가 저녁을 먹고 있는 게스트들 틈을 비집고 들어가 여행 이야기로 수다를 떨었다.

완전한 밤이 되면 다들 술을 마시러 나갈 준비를 했다. 밤의 흐바르섬은 더욱 호화로웠다. 해안가를 따라 줄지어 있는 럭셔리한 요트 위에서는 파티가 한창이었다. 나는 호스텔에서 만난 게스트들과 저렴한 라운지 펍에 가서 술을 진탕 마시고 펍에서 흘러나오는 90년대 노래에 맞춰 춤을 췄다. 날은 대체로 적당했고 기분은 알딸딸했다. 술집 문을 열고 나오자 선선한 새벽공기가 나를 반겼다. 해안가를 따라 걷다 마주하는 고요하고 평온한 밤 골목길엔 가로등이 어둑한 골목길을 환하게 비추고 있었다. 골목 끝, 흰색 대문을 열고 들어가면 꿈만 같던 하루가 끝이 났다.

요리를 해보자

8개월쯤 여행을 하다 보니 한국음식이 그립지 않을 수가 없었다. 물론 한국음식을 요리하고 싶은 마음은 굴뚝같았다만 장소가 장소인지라 섬에서 다양한 식재료를 구하는 건 불가능했다. 매번 똑같은 야채를 볶아 넣은 오일파스타도 점점 질려가던 참이었고, 하는 수 없이 닭고기육수에 청양고추, 양파, 감자, 그리고 호박을 채썰어 넣고 칼국수 면 대신 납작하고 굵은 이탈리아산 파스타를 넣었다. 야매 칼국수 완성!

하지만 이렇게 간단한 요리들로 끼니를 채우는 것도 하루 이틀이지, 시간이 지나자 맛있는 음식을 먹고 싶었다. 바닷가 근처라 해산물이 많을 줄 알았는데 휴양지라 그런지 수산시장도 보이지 않았고 마트에서도 다양한 식품을 찾기가 힘들었다. 길거리에는 맛있는 걸 팔지 않을까 혹시나 하는 마음에 두리번거렸지만 조각피자 말고는 별다른 게 없었다. 무려 한 조각에 3천 원인 조각피자. 아무리 휴양지라지만 이건 완전 바가지 아닌가. 가끔이라면 몰라도 바가지가 일상인 이곳에서 외식을 할 수는 없었다.

그래서 요리를 다시 시작했다. 매일 하다 보니 점점 실력도 늘고 만들 수 있는 음식의 종류도 다양해졌다. 요리에 재미가 들린 나는 각종 퓨전 요리를 연마하는 데 시간을 쏟았다. 마트에서 재료를 사기도 하고 간혹 손님들이 남기고 떠나는 식재료를 사용하는 경우도 종종 있었다. 버려진 식재료라니 궁상맞아 보일 수도 있겠지만… 버리면 아깝잖아?!

손님들은 음식 말고도 돈을 흘리고 떠나기도 했다. 침대 밑을 청소할 때마다 제법 많은 동전을 발견하곤 했다. 그럼 손님들이 떨어트리고 간 동전은 전부 내 차지였다. 하루에 최소 2유로는 줍는 것 같은데, 이는 식재료를 사는 데 보탰다. 동전을 흘리고 가는 손님은 내가 무척 환영하니 앞으로도 자주 오셨으면! 반면 탈모에 걸렸는지 침대에 머리카락을 잔뜩 남기고 가는 손님들도 있었는데, 머리카락은 빗자루로 잘 쓸리지도 않아 청소할 때 애를 먹었다.

흐바르섬에서의 작별파티
흰토끼 호스텔에서 근무하는 마지막 날이었다.

오늘만큼은 왠지 내가 이곳에서 사랑했던 것들을 하나씩 다시 해보고 싶었다. 천천히 흐르던 시간은 오늘따라 빠르게 흘러갔고, 마지막 날이라 그런지 눈에 보이는 모든 것들이 아름다워 보였다. 매일을 마지막 날인 것처럼 산다면 인생이 얼마나 행복하고 의미가 깊어질까. 하루하루를 더 소중하게 살아야겠다는 다짐을 했다.

직원들과 손님들은 나를 위해 작별파티를 열어주었다. 3주 동안 동고동락하며 일했더니 정이 들어버렸나 보다. 짧은 시간이었지만 막상 헤어지려니 아쉬웠다. 옥상에 앉아 흥얼거리던 노래도, 게스트들과 저녁을 먹으며 이야기 나눴던 것도, 다양한 문화권의 사람들을 만나는 것도, 일을 마치고 시원한 맥주를 벌컥벌컥 마시던 것도, 시간이 흐르고 뒤돌아보니 전부 소중한 추억으로 남게 되었다.

소소한 일상의 연속이었지만 당장 떠날 생각을 하니 발걸음이 쉽게 옮겨지지 않았다. 더 마시고 싶었지만 아침 일찍 페리를 타고 섬에서 나가야 하기 때문에 먼저 술집에서 나왔다. 알바생 찰리가 따라 나와 호스텔까지 나를 부축해주고는 다시 술집으로 놀러 나갔다. 원래 혼자 여행을 할 때는 술을 정도껏 마시는 게 철칙이었다. 하지만 신뢰하는 동료들과의 마지막 술자리여서인지 부어라, 마셔라! 하며 술을 진탕 들이부었다. 기억은 가물가물했지만 술에 취해 테이블에 기어 올라가 막춤을 췄단다.

아침에 눈을 뜨니 나는 화장실이었다. 아주 편하게 잘 자긴 했다만 실로 부끄러웠다. 그제야 기억이 하나둘 돌아오기 시작한 것이다. 누웠으면 곱게 잤으면 될 걸 침대가 차갑다며 굳이 호스텔 로비 화장실로 들어가 문을 잠갔다. 그리고 반짝거릴 정도로 청결함을 뽐내는 바닥에 비치타월을 깐 다음 다람쥐처럼 몸을 웅크려 깊은 잠에 빠져들었다.

아침 6시 예약해둔 페리를 타고 육지로 나갈 예정이었는데, 어제 마신 술탓에 머리가 지끈지끈 울려왔지만 시간이 얼마 남지 않아 항구로 냅다 뛰었다. 다행히 59분. 배는 떠날 준비를 마치고 있었다. 주머니에 꼬깃꼬깃 접어놓은 표를 검표원에게 보여주고 이른 아침이라 텅텅 빈 좌석에 드러누웠다.

숙취로 속이 너무 쓰렸지만 일단 육지로 나가는 것만 생각하기로 했다. 페리 안에서 쥐 죽은 듯 자다가 승무원이 깨워서 겨우 육지에 발을 디뎠다. 일

찍 히치하이크를 시작하려 했지만 뒤늦게 뱃멀미가 덮쳐왔는지 토할 것 같았
다. 하는 수 없이 항구 옆 잔디밭 위에 냅다 드러누워 휴식을 취했다. 허리에
두른 셔츠를 벗어 얼굴을 대충 가리고는 따뜻한 햇볕을 쬐며 술이 완전히 깰
때까지 푹 잤다.

　일어나자마자 요거트를 사서 대충 해장을 했다. 그제야 좀 살 것 같았다.
히치하이크를 일찍 시작하려고 새벽 페리를 탔건만 벌써 해가 중천에 뜬 오
후 1시라니. 이러면 일찍 탄 보람이 없잖아.

> '내가 이렇지, 뭐. 보스니아야, 조금만 기다려라. 얼른 정신 차리고 만나
> 러 갈게. 우웩.'

🚃 이색 농장 체험, 벨기에 루벤

    이집트에서 동행했던 민수가 루벤에 신기한 농장 커뮤니티가 있다는 메시지를 보내왔다. 몇 시간 정도 일을 도우면 숙식을 무료로 해결할 수 있다던가. 왠지 가보고 싶어졌다. 이때 아니면 내가 언제 또 농장에서 일을 해보겠어! 먼저 가는 중이라는 민수에게 농장 주소를 받아 그곳으로 무작정 출발했다.

    여행을 하면서 가장 많이 바뀌게 된 점은 모든 일에 일단 'YES'라고 말하고 본다는 것이다. 영화 'Yes Man'의 주인공처럼 언제라도 기회가 주어지면 항상 해보겠다며 손을 번쩍 드는 사람이 되었다. 그래서인지 가끔은 더 많이 보고, 듣고, 경험하려 스스로를 몰아붙이기도 했다. 최대한 많은 것을 경험해보고 도전해보고 싶다고나 할까. 한참을 상념에 잠겨 나 자신을 돌아보고 있었는데 어느새 루벤에 도착했다.

    숲속의 농장 커뮤니티는 꽤 커서 마치 하나의 마을처럼 보였다. 사회와 격리된 듯한 공간에 히피족들이 모여 살았고 거리에는 닭과 공작이 날개를 푸드득거리며 뛰어다녔다. 처음 보는 광경에 소심하게 안으로 들어가 주인을 찾았다. 마침 부엌에서 농장 주인과 일꾼들이 야채 스프를 먹는 중이었다.

"안녕하세요? 친구에게 농장에 대한 이야기를 듣고 왔는데 혹시 제가
일하면서 지낼 자리가 있을까요?"
"오! 일하러 왔구나. 이 친구가 안내해줄 거야."

주인장은 옆에서 밥을 먹던 친구를 손으로 가리키며 말했다. 그러자 밥을
먹던 젊은 친구가 덧니를 내보이는 웃음을 지으며 손을 흔들었다. 그는 식사
를 마치자마자 나를 데리고 구석구석 돌아다니며 농장 공동체 마을의 시설을
안내해주었다.

"이쪽은 화분이 가득한 화분 정원, 저기가 입구고 여기는 부엌 건물이
야. 샤워는 이 건물에서 하면 되고, 잠은 저 흰색 텐트 보이지? 저기서
자면 돼. 개인 텐트가 있으면 밖에 아무데나 쳐도 되고. 저쪽은 자두나
무 농장, 이쪽은 텃밭. 그리고 빵과 야채를 모아놓는 창고도 있고 어린
이전용 놀이터도 있어. 우리는 염소도 키우고 있다고. 한번 둘러보는
게 더 이해하기 쉬울 거야."
"그럼 저는 어떤 일을 하면 되는 거죠?"
"여기는 정해진 게 없어. 그냥 네가 할 일을 찾아서 하면 돼. 꽃을 심고
싶으면 꽃을 심고, 일꾼들이 과일을 먹고 싶어 할 것 같으면 과일나무
에서 과일을 따. 배고픈 사람을 위해 요리를 해도 좋고, 더러운 곳이 있
으면 청소를 해도 좋아. 네가 하고 싶은 일, 네 손길이 필요한 일을 찾
아서 하면 돼."

나는 알았다며 흰색 텐트에 가방을 던져두러 갔다. 흰색 텐트는 흡사 중학
교의 체육관 창고 같았다. 안에는 잿빛으로 바랜 지저분한 매트 여러 장이 아

무렁게나 놓여 있었다. 오랫동안 청소를 하지 않아 먼지가 가득했지만 환기
는 잘돼서 비염에 시달릴 걱정은 하지 않아도 될 터였다. 텐트 입구 쪽에 방
치된 먼지 쌓인 소파에 배낭을 던져놓고 밖으로 나왔다. 농장 귀퉁이에는 자
두나무가 여러 그루 심어져 있었는데 무성하게 자란 나뭇가지에는 자두가 한
가득 열려 있었다.

　프랑스에서 온 테오가 파이를 만들겠다며 바구니에 자두를 잔뜩 따와달라
는 부탁을 했다. 바구니 하나 가득 담아온 자두를 전부 으깬 뒤 반죽과 함께
틀에 넣어 장작불을 붙인 자연 화덕에 집어넣었다. 과연 파이가 제대로 익을
지 걱정했는데 결과는 대성공이었다.

　어느 날은 미국인 매튜가 농장 입구에 계단식 화단을 만든다며 일꾼들을
모집했다. 보스턴에서 온 그는 무척 활발했다. 그는 세계여행을 하는 중이었

는데, 각 나라마다 농장을 들러 다양한 농장 일을 배우고 있다고 했다. 그래서인지 농장 일에 관해서는 전문가였다.

헤어밴드를 머리에 두른 매튜는 민수와 땀을 흘리며 화단에서 열심히 흙을 파내고 있었다. 재밌어 보였기에 그들을 도와주려 했지만 생각보다 흙이 단단해 난 별 도움이 되지 못했다. 대신 장비를 옮기거나 화분 정원에 있던 예쁜 꽃들을 가져와 흙을 파낸 자리에 옮겨 심었다.

더위가 수그러드는 밤이 찾아오면 우리는 하던 일을 멈추고 농장에서 재배하는 야채로 저녁을 요리한 뒤 작은 공터에 모여 앉아 모닥불을 피웠다. 모닥불 주변에 둘러앉아 통기타를 연주하며 여름밤을 보냈다. 풀벌레 소리를 들으며 이야기꽃을 피우다 보면 새벽에 잠들곤 했다. 우리는 때때로 늦잠을 자기도 했고 이른 아침부터 일꾼 알리가 방 천장에 진흙 바르는 일을 돕기도 했다. 브라질에서 온 일꾼 윌리엄이 어머니가 알려준 비밀 조리법이라며 치즈 넣은 고로케를 반죽해서 튀기는 것도 기꺼이 조수가 되어 도왔다. 정말이지 첫날 만난 일꾼의 말마따나 이 마을에는 정해진 일이 없었다. 그저 뭔가를 하기만 하면 됐다.

적당히 게으름도 부리며 농장에서의 2주를 보냈다. 문명과 차단된 이 공간에서 여가시간에는 실컷 책을 읽고, 그림을 그리고, 글을 쓰고, 요리도 하고, 음악을 들었다. 어떠한 것에도 구애받지 않고 하고 싶었던 것들을 마음껏 하는 자유로웠던 시간. 그러나 어느덧 농장을 떠나야 할 시간이 다가왔다. 후련하기도, 아쉽기도 했다. 여기저기 풀어놨던 짐들을 배낭에 차곡차곡 챙겨 넣고 주인 할아버지에게 인사를 하러 갔다. 일꾼들에게도 작별을 고하고 상쾌한 마음으로 민수와 함께 농장을 나섰다.

얼떨결에 콘서트 일일 스태프

슬로바키아에서 알게 된 친구들과 유동량이 적은 주유소를 어슬렁거리다 슬로바키아 차량을 히치하이크하게 되었다. 알고 보니 이들은 오늘 밤 포즈난에서 공연을 할 예정인 5인조 록밴드 'Dirty Disco Rockers'라는데! 차의 내부는 이미 악기로 가득 차 있었지만 빈 공간을 비집고 들어가 앉았다. 자리는 다소 비좁았지만 차를 타고 가는 내내 보컬의 부드러운 목소리를 라이브로 감상할 수 있었다.

록밴드 멤버들과 신나게 수다를 떨다가 대뜸 물음표를 던졌다.

"차를 태워주신 답례로 공연장 일을 도와드려도 될까요?"

콘서트 준비를 하는 과정이 궁금하기도 했고 그들의 음악도 들어보고 싶었다. 밴드의 리더는 호탕한 웃음으로 흔쾌히 응했다. 포즈난에 도착한 후 우리는 멤버들이 악기를 세팅하는 것을 도왔다. 공연장은 컨테이너를 쌓아 만든 복합 문화 공간이었는데, 악기 세팅을 마치자 서서히 관객들이 나타나기 시작했다.

관객들에게 자리를 안내해주고 공연 시작 시간이 되자 우리도 라이브 공연
을 볼 수 있었다. 무대에서 노래를 부를 때 리더의 모습은 후줄근한 옷을 입
고 차를 운전하던 때와 차이가 컸다. 무대에서의 그들은 완벽했다. 그의 감미
로운 목소리가 공연장 전체에 울려 퍼졌다. 오랜만에 눈 호강, 귀 호강 제대
로 하는구나!

공연은 성공적으로 막을 내렸고, 공연장 뒷정리가 끝난 후 우리끼리 자축
파티 겸 뒤풀이를 했다.

"정말 멋있었어요! 무대 위에서 보니 완전 다른 사람 같던데요?"
"무대에 설 때가 가장 즐겁고 힘이 나지."

컨테이너 옥상에 누워 공연진분들과 시원한 맥주를 마셨다. 옆에서 들려오는 잔잔한 노랫소리 때문일까. 뿌듯했던 하루에 신이 났던 걸까. 왠지 술이 달았다. 문득 궁금해졌다.

'난 어떤 일을 할 때 가장 빛이 날까?'

현지에서 일 구하기

현지인과 일을 하며 근무환경에서의 직접적인 경험을 쌓는 것도 여행의 일부!
기회가 닿는 대로 무엇이든 하려는 마음가짐이 중요하다.

☑ 여행자의 단기 알바를 위한 workaway

(https://www.workaway.info)

숙박비 또는 식비를 아낄 수 있다.
급여를 주지는 않지만 무급이기에 워킹비자가 따로 필요없고
하루 3~5시간을 일하면 숙박 및 식사를 지원해준다.
단, 사이트 이용비 1년 36USD.

베이비시팅, 농장, 영어교사, 애완동물 돌보기 등 다양한 일자리 보유.
이력서를 작성하고 원하는 일정을 선택해 호스트에게 이메일을 보내는 방식.

☑ 현지인에게 직접 문의

카우치서핑이나 현지에서 알게 된 현지인들에게 단기 일자리 및 현지에서 할
수 있는 봉사활동을 물어볼 수도 있다.

-슬로바키아에서 히치하이킹을 하다·알게 된 락밴드의 일일 스태프.
-카우치서핑에서 만난 친구를 통해 스카우트 캠프 스태프.
-봉사단체에 연락을 취해 난민캠프 자원봉사, 세미나 강연.
-태국에서 선물 포장 일일 아르바이트, 야시장 젤리쥬스 판매.

특히 단기 아르바이트를 할 기회가 상대적으로 많았던 유럽에서는 틈틈이 아르
바이트를 하였기에 한 달에 13~20만 원만 지출하며 여행을 즐길 수 있었다.

흠집 난 여행

　　보스니아 사라예보에 온 이후 소매치기를 3일 연속으로 당했다. 다행히 치약, 칫솔, 껌, 볼펜, 작은 수첩같이 들은 게 별로 없는 가방 앞주머니가 주로 노려졌지만 어제도, 그제도 소매치기 당하는 걸 목격하자 자존심이 확 구겨졌다. 길을 걷는데 뭔가 어깨가 묵직해지는 느낌이 들었다. 꺼림칙한 마음에 뒤를 홱 돌아보자 웬 얍삽하게 생긴 남자가 내 가방 지퍼를 열려는 시도를 하고 있었다. 깜짝 놀라서 그의 얼굴에 삿대질을 하며 고래고래 소리를 질렀다. 그러자 아무 일도 없었다는 듯 태연하게 어깨를 으쓱이며 시치미를 떼는 소매치기범! 내가 당할 뻔하다니! 그는 분해서 씩씩거리는 나를 보며 히죽 웃더니 지금껏 오던 반대 방향으로 유유히 사라졌다. 망할놈!! 가다가 자빠져서 코나 깨져라! 그러나 다음 날에도 소매치기범과의 악연은 끝나지 않았다. 이번에는 다른 놈이었지만 말이다.

　골목 사이로 불어오는 산들바람. 어디를 찍어도 오랜 멋이 드러나는 사라예보의 구시가지. 이어폰을 귀에 꼽고 음악을 들으며 골목길을 따라 뚜벅뚜벅 걸었다. 고즈넉한 골목길의 유혹에 빠져 사진을 찍는 데 여념이 없었는데… 바로 그때!

"야!!!!!! 뒤돌아봐!!!"

누군가가 나를 향해 소리를 질렀다. 그제야 내 뒤에서 꼼지락거리는 인기척이 느껴졌다. 뒤를 돌아보자 이번에는 어린 커플이었다. 고등학생 정도 되어 보이는 앳된 얼굴의 커플은 내가 노려보자 가방에서 손을 슬쩍 빼더니 아무 일도 없었다는 듯 태연하게 웃으며 가던 길을 갔다. 얼굴에 대고 욕이라도 실컷 퍼붓고 싶었지만 어안이 벙벙해져 아무런 말도 꺼낼 수가 없었다.

방금 전 나에게 소리를 지른 사람은 건너편 찻집 테라스에서 따뜻한 과일차를 마시고 있던 중이었다. 저 사람이 알려주지 않았더라면 누군가가 내 물건을 훔쳐가는 것도 모른 채 그저 경치가 예쁘다며 사진이나 찍고 있었겠지. 갑자기 울컥해서 찻집 돌계단에 주저앉아 무릎에 머리를 묻었다. 3일 연속으로 가방을 털릴 뻔하다니…. 난 왜 이렇게 한심한 것인가. 어쩜 이렇게 둔하고 멍청할 수가 있냔 말이다.

고개를 숙인 채 자기 한탄을 하고 있자 소매치기범의 존재를 알려줬던 요니와 에디가 내 손에 과일차를 쥐여주고는 계단에 앉았다.

"야, 이 골목을 봐. 얼마나 아름답냐. 나 같아도 사진 찍느라 정신없었을 거야. 네가 잘못한 게 아니야. 정신 차려, 이 친구야."

그 말이 어찌나 따뜻하던지 그동안 힘들었던 게 몽땅 녹아 내려가는 기분이었다. 갑자기 나타난 수호천사 같은 그들은 내 기분을 북돋아주려고 웃긴 표정을 짓는 데 열심이었다. 꽁꽁 얼었던 마음이 한순간에 녹았다. 다행이었다. 그래도 나쁜 일만 생기라는 법은 없나 보다.

뜨끈한 과일차를 양손으로 감싸 쥐고 실컷 울고 난 뒤 그들은 기분전환을

하자며 나를 절벽요새가 있는 오르막길로 안내했다. 요새에는 카페가 있었
다. 쓰디쓴 보스니아의 커피와 함께 절벽에서 내려다보는 시내 전경은 완벽
그 자체였다. 이루 말할 수 없이 아름다웠다. 탁 트인 하늘과 싱그러운 초록
빛 산에 둘러싸인 사라예보. 곳곳에 빨간 지붕의 아기자기한 집들이 있었다.
그제야 웃음이 터져 나왔다. 그래, 인생이란 쓰디쓸 때도, 달달할 때도 있는
법이지. 다시 힘내자.

　우리는 요새에서 내려와 코너에 있는 작은 상점에서 과자와 우유를 사들고
요니의 차에 올라타 작은 여행을 시작했다. 여행 속의 여행이랄까. 구불구불
끝없이 이어지는 산길을 따라 도착한 곳은 과거에 유명한 레스토랑이 있던
장소였다. 지금은 폐허가 되어 아무렇게나 방목된 소와 양들이 풀을 뜯어먹
고 있었다. 건물 뒤에는 피크닉 테이블도 있었다. 우리는 피크닉을 즐기기 위
해 마트에서 사온 음식들을 꺼내 테이블 위에 올려놓았다.

　드넓게 펼쳐진 잔디밭에서 피크닉을 즐긴 뒤 산을 내려가 에디의 친구가
운영하는 찻집에 갔다. 평소와 색다른 하루는 왠지 마법 같았다. 찻집에 앉아

하루를 돌아보며 꽃향 그윽한 차를 마셨다. 헤어지기 전 마지막으로 같이 있던 아늑한 찻집에서 그들은 닌자 옷을 입은 귀여운 캐릭터가 그려진 틴케이스와 티백을 선물로 주었다.

> "이거 선물이야. 향이 좋은 블랙티니까 여행 다니면서 마시고 기운 내. 여기 그려진 닌자처럼 무장하고 당당하게 기죽지 말고 여행해. 가방은 항상 조심하고. 너의 여행을 응원할게, 꼬맹아. 무슨 일 있으면 꼭 연락해."

마법에 걸린 신데렐라가 된 듯한 하루였다. 힘들었고 상처투성이였던 사라예보는 어느새 마법의 성으로 바뀌었다. 어느 순간 요니와 에디가 '뿅' 하고 나타나 평생 기억에 남을 유리구두와 우아한 호박마차를 주었으니. 사라예보는 행복하게 마무리되어 내 마음 한곳에 고이고이 접어둘 수 있게 되었다.
요니와 에디, 그들은 요정 할머니였다.

악몽

죽었을 수도 있었겠구나. 꿈이 아니었다. 꿈이라면 상상조차 하기 싫은 끔찍한, 악몽 같은 하루였다. 그날 밤 차에서 도망치지 않았더라면 어떤 일이 벌어졌을까. 정말 산 어딘가에 방치되어 버려졌을 수도 있었겠다. 요즘 왜 이렇게 불행한 일들의 연속인지 모르겠다. 난 내가 정해놓은 룰을 어겼다.

그래. 그게 문제였다.
첫 번째, 어두워지면 히치하이크 하지 않기.
두 번째, 운전자의 눈을 보며 충분한 대화 나누기.
세 번째, 직감에 의존하기.
네 번째, 신중하기.

첫날 몬테네그로에 도착했을 때는 이미 자정에 가까운 밤 10시였다. 밤이 늦었지만 아키오 아저씨와 함께 히치하이크를 해서 그런지 성공적이었다. 코토르를 20km 정도 남겨놨을 무렵 시내 외곽 도로에는 우리처럼 코토르 시내까지 히치하이크를 하려는 현지 젊은이들이 있었다. 그래서 몬테네그로는 히치하이크가 대중적인 이동수단일 거라 지레짐작했다. 물론 나 혼자였으면 절대 밤에 히치하이크를 하지 않았겠지만, 서른 살 중반의 든든한 아키오 아저씨와 함께 히치하이크를 했기에 밤에도 걱정 없이 차에 올라탈 수 있었다.

다음 날, 하늘은 이미 캄캄해졌고 천둥번개가 치며 비가 쏟아지던 그날. 불행은 불현듯 찾아왔다. 헤르체그노비에서 호스트가 나를 기다리고 있을 텐데 저녁 6시에 막차였던 직행버스를 놓쳐서 작은 마을버스를 타야 했다. 마을버스는 배차 간격도 길었고 헤르체그노비까지는 43km 정도로 그닥 먼 거리가 아니었음에도 버스를 세 번이나 갈아타야 했다. 이제 겨우 버스를 두 번 갈아타고 중간 지점인 리산까지 왔다. 시계는 8시를 가리켰지만 버스는 도통 올 생각을 하지 않았다. 버스정거장에 있던 주민 아저씨에게 물어보니 버스는 1시간 후에 온다며 빨리 가야 하면 그냥 히치하이크를 하라고 하셨다.

"히치하이크요? 밤에 해도 괜찮을까요?"
"당연하지. 몬테네그로 사람들은 순박해서 걱정할 거 없어. 허허. 헤르체그노비라면 여기서 20km만 가면 나오잖아."

아저씨의 호탕한 웃음에 덩달아 기분이 좋았다.

'거봐. 주민 아저씨도 히치하이크가 안전하다고 하시잖아. 30분이면 도착할 거 같은데 주구장창 오지 않는 버스를 기다리는 것보다는 낫겠지.'

버스정거장 바로 옆에서 엄지손가락을 들었다. 자세를 잡자마자 눈 깜짝할 새 차가 한 대 멈춰 섰다. 발로 세게 차면 부서질 것 같은 굉장히 낡아빠진 갈색 차였다.

평소 같았으면 차에 타기 전에 운전자와 충분한 대화를 나눠봤을 터인데, 너무 피곤했고 비는 계속 내려서 얼른 호스트의 집에 도착해 따뜻한 물로 샤워를 하고 침대에 두 발을 뻗고 눕고 싶은 마음이 굴뚝같았다. 게다가 젊은 운전자라 말이 잘 통할 거라 판단을 하고는 차에 덥석 올라탔다. 대실수였다.

바보야. 어두운데 왜 무작정 히치하이크를 했니. 차를 타기 전에, 아니 차에 타고 있을 때도 운전자의 행동이 뭔가 이상하다는 걸 본능적으로 느꼈었잖아. 그때 충분히 내릴 수 있었잖아. 내릴까 하는 마음도 분명 들었지만 언제 올지 모를 차를 다시 기다려야 하는 게 귀찮아서, 편안하게 목적지에 도착하고 싶은 마음이 두려움보다 컸기에 나는 무언의 경고를 무시했다.

차는 출발했다. 난 지옥 속으로 굴러 들어가는 중이었지만 그것도 모른 채 차를 생각보다 일찍 잡았다는 사실에 안도하고 있었다. 물론 여느 때처럼 가방을 양팔로 꽉 안은 채 경계를 풀지 않았다. 왠지 모를 갑갑함에 창문도 내렸다. 그는 춥다며 창문을 올리라 했고 가방도 뒷좌석에 놓고 편하게 앉으라며 싱긋 웃었다. 웃는 그의 모습에 친절한 사람이라고 착각해서 그의 말을 따랐다. 가로등이 있던 시내를 지나 차가 드문드문 지나다니는 해안도로 위를 달리기 시작했고, 시내에서 멀어지면 멀어질수록 창밖은 더욱 캄캄해져갔다.

갑자기 그는 운전하다 말고 내 허벅지에 손을 올렸다. 그때 내렸어야 했다. 하지만 마지막 경고도 나는 알아채지 못했다. 그의 손을 쳐내고 단호하게 싫다고 말을 하면 충분히 알아들을 것이라 착각했다. 그는 얼마 지나지 않아 해안도로에서 핸들을 홱 꺾어 좁고 어두운 산속으로 미친 듯이 속도를 높였다. 무서웠다. 심장이 산산조각 나는 것 같았다. 머리가 텅 비어버릴 정도로, 하루 종일 먹었던 것을 게워내고 싶을 정도로 무서웠다. 어떻게 해서든 이 차에서 탈출해야 한다는 생각밖에 없었다.

나는 내리려고 발버둥을 쳤고 그는 몸을 내 쪽으로 틀어 차 문을 잠그려 했지만 안간힘을 써서 겨우 막아냈다. 이상함을 느꼈음에도 계속 차를 타고 있던 내 자신이 너무나도 밉고 원망스러워 눈물이 났다. 온몸이 떨렸다. 가로등 하나 없는 어두컴컴한 산길. 오싹했다.

'여기서 내리면 날 도와줄 사람이 있긴 할까. 난 죽는 걸까.'

이대로라면 어두운 산 속에 쥐도 새도 모르게 끌려가 험한 일을 당할 것 같았다. 있는 힘을 다 동원해 손잡이를 밀고 달리는 차에서 뛰어내려 아스팔트 위를 굴렀다. 그제서야 차는 멈췄다. 뒷좌석에 있는 가방을 꺼내려 뒷문 손잡이를 잡았지만 문은 잠겨 있었고 운전자는 멈춰 있던 차를 그대로 몰았다. 나는 손잡이를 잡은 채 아스팔트 바닥에 끌려갔다. 다리는 아스팔트에 갈려 상처가 났고, 난 그렇게 내가 가진 재산을 전부 잃은 채 길바닥에 버려졌다.

여기저기 쓸린 다리로 엉금엉금 도로를 기어 다니며 눈물을 쏟아냈다. 살아야겠다 싶어 발을 동동 구르며 드문드문 보이는 차들을 멈춰 세우려고 가로등 하나 없는 산길을 미친 사람처럼 울부짖으며 돌아다녔다. 여기서 벗어나지 못하면 아까 그 남자가 다시 날 따라와 성폭행할까 봐 가방이고 뭐고 있는 힘을 다해 도와달라고 목이 쉬도록 소리를 지르며 도로를 뛰어다녔다.

혹시 모를 상황에 대비하여 핸드폰 단축번호 1번부터 5번까지는 전부 영사 콜센터 번호였지만 막상 위험한 상황이 닥치니 그런 걸 생각할 겨를도 없었다. 그저 몬테네그로에 내가 아는 단 한 사람, 내 호스트 케이티에게 전화를 걸어서 "Help me. Please Help. 나 어떡해. 살려줘, 제발"이라는 말만 반복했다. 가끔 지나가는 차들이 있었지만 아무도 차를 세워주지 않았다. 그저 무심하게 나를 쌩쌩 지나쳐 가기만 했다. 절망적이었다. 세상이 무너지는 듯했다.

　다행히 차가 한 대 멈춰 섰다. 떨리는 목소리로, 얼굴은 눈물범벅이 된 채, 손에는 피와 스크래치가 가득한 채 "도와주세요! 제발 살려주세요!"라며 운전자에게 간절하게 도움을 요청했다. 산실에 멈춰 있던 납치미수범은 신고당할까 봐 걱정됐는지 내 배낭을 창문 밖으로 집어 던지고는 쏜살같이 내뺐다. 운전자 아저씨는 내 몰골을 보고 충격을 받으셨는지 무서워하지 말라며 지갑에서 명함을 꺼내 보여주고는 근처 마을 리산까지 데려다주셨다. 아까 차에 올라탔던 그 장소에 다시 도착했다. 아저씨는 경찰에 신고할 거면 적극적으로 도와주겠다고 하셨지만 어두워서 운전자의 차림새도 기억이 나질 않아 경찰에 신고를 할 수도 없었다. 경찰서에 가서 신고를 하는 것보다는 당장이라도 호스트를 만나고 싶었다.

　처참한 몰골로 리산의 버스정거장에 앉아서 하염없이 울며 불안에 떨었다. 누군가에게 있었던 일을 털어놓고 싶었지만 그럴 사람도 딱히 없었다. '거봐,

내가 경고했지. 히치하이크 같은 건 위험한 거야. 하면 안 된다고. 네가 자초한 거야'라는 말을 들을까 봐 아무에게도 얘기할 수 없었다. 빗방울은 더욱 거세졌고, 다리에는 힘이 풀려가고, 핸드폰 연락처를 들여다봐도 한국에 있는 멀리 떨어진 사람들의 연락처만 가득할 뿐 나의 심정을 이해해줄 사람은 어디에도 없었다.

버스는 30분 후에 온대. 주변에는 주민들이 버스를 기다리며 하하호호 웃고 있었다. 난 괴로웠다. 영혼이 바다 밑바닥까지 가라앉고 있을 무렵, 모르는 누군가에게 무엇이라도 말을 해야겠다 싶어 바로 뒤에 있던 빵집에 들어 갔다. 그러나 포근한 미소의 빵집 아주머니를 보자마자 순간 엄마 생각도 나고 내 자신이 너무 비참하고 외로워서 눈물이 흘러나왔다. 아주머니는 갑자기 들어와 눈물을 흘리는 나를 보고 놀라서 달려왔고, 나는 그런 아주머니의 팔을 붙잡고 빵집에서 눈물을 펑펑 쏟아내고 말았다. 무슨 일이냐고 걱정스런 표정으로 묻는 아주머니에게 한마디의 말도 하지 못한 채 고개만 푹 숙인 채 안겨 있었다. 아주머니는 날 안쓰럽게 쳐다보더니 다른 알바생을 불러서 영어로 대화를 하라고 하셨다. 난 머뭇거리면서 메어지는 목소리로 말했다.

"저 끌려가서 강간당할 뻔했어요…."
"무슨 소리야? 괜찮아? 대체 어디서!!? 경찰은 불렀어?"

아주머니는 다리가 풀려 벽에 기댄 채 얼굴을 양손으로 부여잡고 울고 있는 나를 포근히 안아주셨다. 어찌나 따뜻한 눈빛이었는지, 밥은 먹었냐고 주머니에서 주섬주섬 10유로를 꺼내서 내 손에 꼭 쥐여주셨다. 돈은 필요하지 않아서 거절하고 돌려드리려고 했지만 나에게 뭐라도 해주고 싶으셨는지 가져가라며 고개를 저으셨다. 그리고 버스정거장에 서 있던 한 아주머니에게 사정을 설명하고 나를 잘 챙겨달라며 부탁하셨다. 버스정거장에 있던 아주머니도 영어는 한마디도 못하셨지만 버스를 타는 내내 내 옆에 앉아서 두 손을 꼭 잡아주셨다. 따뜻한 온기가 느껴졌다. 쓰러지듯 버스 의자에 기대 멍하니 눈을 감고 악몽 같은 밤을 곱씹었다. 그 와중에도 천둥은 계속 치고 비는 거세게 쏟아졌다. 내가 어쩌다 이런 상황까지 온 걸까.

결국 나는 무사히 헤르체그노비에 도착했다. 케이티는 장대비가 쏟아지는 와중에도 버스정거장에서 초조한 표정으로 나를 기다리고 있었다. 나를 꼭 안아준 빵집 아주머니, 버스를 타고 오는 내내 내 손을 꼭 잡아주었던 아줌마, 버스정거장까지 비를 쫄딱 맞고 나를 데리러 온, 내가 누구보다 의지하는 친구 케이티. 먹구름이 긴 후에는 항상 날이 갠다고 하던가. 최악의 날 내 곁에서 나를 위로해준 고마운 사람들이 있기에 다시 한 번 조심스럽게 용기를 내볼 수 있을 것 같다. 나에겐 이 모든 게 기적이었다.

케이티네 집에 와서 따뜻한 물로 샤워를 하고 끔찍한 악몽을 씻어낸 후에야 모든 게 제자리로 돌아왔다. 그녀가 타준 따뜻한 차와 땅콩크래커를 먹으며 처음으로 누군가에게 있었던 일 전부를 마음 놓고 털어놓았다. 온몸의 긴장이 풀렸다. 자고 일어나면 아무 일도 없었다는 듯 끔찍했던 기억을 더욱 잊어버리길 간절히 바랐다.

억지로 숨긴 기억

자고 일어나니 놀랍게도 나는 아무렇지 않았다. 밝았던 나로 다시 돌아왔다. 어제 일어났던 일은 기억도 나지 않았다. 아니, 애써 밝은 척을 해본 건지도 모르겠다. 소파에 멍하니 앉아 있는 내가 걱정되었는지 케이티는 친구들과 함께 등산을 가지 않겠냐며 물어봤다. 어제 그런 일이 있어서 딱히 어딘가 가고 싶다는 생각보다는 그냥 집에 콕 박혀서 쉬고만 싶었지만 기분전환이라도 하자며 나갈 채비를 했다.

'사실 괜찮은 게 아니라 내가 억지로 숨긴 건지도 몰라. 본능적으로 모든 기억을 지워버리고 현실에 충실하고 싶어서. 겉으로는 웃으며 사람들에게 어제 있었던 일을 아무렇지 않게 얘기했지만 분명 마음속은 소용돌이를 치며 거친 파장을 일으키고 있을 거야.'

아무도 눈치채지 못했지만 케이티가 보기에는 내가 불안에 떠는 게 티가 났는지 다가와서 말을 걸었다.

"너 혼자 알바니아에 가기 무서우면 같이 갈 사람이 있는지 한번 찾아 봐봐. 오늘 저녁에 카우치서핑 행사에 여행자들이 많이 올 테니까 분명 찾을 수 있을 거야."

'에이, 설마 알바니아에 나랑 같은 날짜에 갈 사람이 어디 있겠니.'

어떠한 생각을 하는 것도 귀찮아서 케이티의 말을 한 귀로 흘려보냈다. 등산을 해서 그런지 어제 자동차에 끌려가서인지 몸이 욱신거렸다. 아니면 너무 울어서 몸에 힘이 빠진 걸 수도 있겠다. 아무 생각 없이 산을 오르는데 옆에서 같이 걷던 '아노'라는 이름의 독일인 남자애가 말을 걸어왔다.

"너는 다음 여행지가 어디야? 나는 내일 티라나에 가려고."

"어? 정말? 나도 티라나에 가려고 하는데 3일 뒤에 갈 거야. …혹시 그때 같이 히치하이크해서 가지 않을래? 어떻게 생각해?"

우연히도 그는 나와 같은 방향으로 여행 중이었다. 한참을 히치하이크에 대해 이야기하다가 얼떨결에 어젯밤 일어났던 악몽 같은 일을 전부 털어놓게 되었다. 그는 나를 다그치지 않고 침착하게, 진지하게 내 말을 끝까지 들어주었다.

나중에 들은 건데 그는 씁쓸한 미소로 아무렇지 않게 아픔을 쏟아내는 내가 안쓰러워서 나를 꼭 안아주고 싶었지만, 작은 스킨십조차 무서워할 내가 걱정되어 위로의 말만 건넬 수밖에 없었단다. 아무튼 일단 티라나까지 같이 히치하이크를 할 동행을 구해버렸다. 내심 혼자 히치하이크하기 무서웠는데 동행을 구하자 안도의 한숨이 쉬어졌다.

그리고 등산을 마치고 늦은 밤, 바닷가에서 열린 카우치서핑 행사에서 또

다른 독일인 파비앙을 만났다. 파비앙도 마침 티라나에 갈 예정이라기에 같이 히치하이크를 하자며 설득했다. 아노와 파비앙 둘 다 처음 해보는 히치하이크가 재밌을 것 같은지 자신들의 일정까지 미루고 나와 알바니아까지 동행하기로 했다. 히치하이크 이야기가 나올 때면 귀를 쫑긋 기울이는 그들을 보니 히치하이크를 처음 배우던 내 모습이 떠올랐다. 그렇게 히치하이크 계획을 짜면서 친해진 아노와 파비앙, 그리고 케이티까지. 우리 네 명은 매일 저녁이면 돈을 모아 마트에서 장을 본 다음 케이티의 집에서 요리를 했고, 날이 좋으면 와인을 들고 해변에 놀러 가거나 밤거리를 산책했다.

　헤르체그노비에서의 마지막 날, 저녁식사를 마친 뒤 독일인 두 명은 내일 아침에 나를 데리러 오겠다는 약속을 한 채 숙소로 돌아갔다. 혹시라도 아노와 파비앙이 나를 빼놓고 둘이서만 갈까 봐 현관을 나서는 뒷모습에 대고 신신당부를 했다.

"너네 같은 나라에서 왔다고 나 빼놓고 둘이서만 가면 절대 용서 안 해!
완전 미워할 거야."

다음 날 우리 셋은 헤르체그노비를 떠났다. 헤르체그노비에서 티라나까지
걸린 시간은 총 12시간. 길다면 길고 짧다면 짧은 시간이었지만 길 위에서 웃
고 떠들던 순간들은 전혀 아깝지 않았다. 오히려 우리는 길 위에서 추억을 잔
뜩 안았다. 그리고 떠나온 이 순간 헤르체그노비를 떠올려본다. 헤르체그노
비는 나의 안식처였다. 모든 것을 다 잃을 뻔했던, 지금 존재하지 않았을지도
모르는 나를 있는 힘껏 안아주었던 그곳. 아무것도 없던 내가 유일하게 믿고
기댈 수 있는 친구들을 만나게 된 안식처였다. 헤르체그노비는 내 마음 속 깊
이 아릴 정도로 스며들었다. 사람냄새 나는 그곳이 너무나도 사랑스러웠다.

다시는 생각하고 싶지 않은 순간. 내 자신이 밉고 부모님에게 죄송했던 순간. 이 얘기는 언젠간 밝혀질 일이지만 모두 다 내가 자초한 일이라고 생각되어 누구에게도 말하지 않고 혼자 간직하고 싶었다. 누구에게든 털어놓고 싶었지만 손가락질을 받을까 봐 두려웠다. 트라우마에 고통 받아 여행의 의미를 잃어버린 나에게 리사가 말했다.

너에게 그렇게 끔찍한 일이 일어난 건 유감이야. 남성이 여성을 성적 대상으로 여기고 폭력을 사용하여 마음대로 대할 수 있다고 생각하는 건 그야말로 말도 안 되는 일이야. 그날 있었던 일은 네 잘못이 아니야. 네가 혼자 여행을 했기 때문도 아니고. 네가 여행을 하고 독립적으로 행동하는 건 인간으로서의 당연한 권리야. 아무도 너에게서 이 권리를 빼앗아갈 수는 없고 넌 다른 사람들의 역겨운 행동에 아무런 책임감이나 죄책감을 느끼지 않아도 돼. 슬프게도, 혼자 여행하는 여성으로서 우리는 여전히 이런 거지같은 문제에 노출되어 있어. 더 이상 여행이 안전하다고 생각하지 않고 앞으로 어떻게 여행을 이어나가야 할지 판단이 서지 않는 널 완전히 이해해. 그리고 히치하이크로 유럽을 횡단하고 싶다고 했지만 버스를 탄다고 해서 네 목표가 실패한 건 아니야. 그냥 네 마음이 편한 대로 해. 혼자 히치하이크하기 무섭다면 같이할 친구를 구해도 되고. 혹시 세르비아나 터키로 간다면 중간에 나를 만나서 같이 여행하는 것도 난 기뻐. 혹시 다른 도움이 필요하거나 대화할 사람이 필요하다면 언제든 연락 줘. 기다릴게.

행운을 담아, 리사.

☑ 여행 전

· 외교부 해외안전여행 사이트를 확인하자!
· 여행 가려는 국가가 위험한 나라인지 찾아보고 관련 신문기사 점검하기.

예를 들면, 터키나 이집트는 테러가 자주 일어나는 나라였고, 인도에서는 성폭행이 빈번히 일어났기에 여행을 떠나기 전 걱정이 많았다. 특히 인도에서는 어떤 상황에 성폭행이 일어나는지 알아야 더욱 조심할 수 있을 것 같아 집단 성폭행 사건 관련 기사를 몇 년 전 것부터 최근 것까지 찾아 읽었다. 여러 기사와 여행기를 참고해 여행 시 지켜야 할 철칙을 정했다.

☑ 여행 중

· 밤늦게 혼자 돌아다니지 않기.
· 모르는 사람이 주는 음식 덥석 먹지 않기.
· 의심스러워 보이는 사설 버스는 절대 올라타지 말기.
· 테러 위험 지역 방문하지 않기.
· 가방 앞주머니에 중요한 물건 넣지 말기.
  만약 에코백이라면 지퍼가 달린 게 좋다.

☑ 소매치기가 심하게 느껴졌던 나라 !!주의 요망!!

· 스페인(바르셀로나, 마드리드)
· 프랑스(파리)
· 보스니아(사라예보)
· 이탈리아(로마)
· 터키(이스탄불)

※ 다만 몇 개의 후기만으로 현지인에 대한 편견은 갖지 않도록 주의하자.
  실제로 소매치기를 직접 경험한 곳도 있었지만 잠시 방심한 사이 일어난 일부 사람에 의한 일이었고,
  이후 만난 현지인들과의 인연도 소중한 추억이 될 수 있었다.

✈ 마케도니아 비망록

　　어제부터 스코페에는 계속 비가 내리고 있었다. 내일은 이동을 해야 하니 비가 오지 않았으면 좋겠다고 생각했다. 천둥 번개가 치는 걸 보니 어제 귀찮음을 무릅쓰고 시내에 나갔다 오길 잘했다.

　　스코페에서의 일상은 한결같았다. 시간이 남을 때는 가고 싶은 나라와 보고 싶은 것들에 대한 계획을 짜곤 했다. 그제도 온종일 소파에 널브러져 지도를 보며 앞으로의 여정을 생각했다. 여행을 하루하루 내 손으로 만들어가는 느낌이 좋았다. 계획을 세우는 것 또한 내 여행의 빠질 수 없는 부분이니까. 내가 원하는 것, 내가 보고 싶은 것, 내가 하고 싶은 일을 찾아 해내고 다양한 사람들을 만나보는 것 전부 나의 몫이었다. 여행을 하다 보니 24시간 주어진 소중한 시간을 오롯이 나의 현재를 위해 쓰게 되더라.

　　그러나 이제는 여행을 하는 것에 회의감이 들기 시작했다. 시간이 흐르면 울적한 기분도 나아지지 않을까 스스로를 다독였다. 그럼에도 이 나라에 기댈 사람이 있다는 것, 외로움을 달래줄 친구가 있다는 것, 그리고 그들의 일상에 스며들어 나 또한 그들의 하루를 겪어볼 수 있다는 것은 내 여행을 연장해주는 산소호흡기와도 같았다.

그날의 일은 조금씩 무뎌져가고 있었지만 아직까지 두려운 마음이 남아 있었다. 이전에는 남자 호스트의 집에 가는 것도 괜찮았지만 요즘은 선뜻 남자 호스트에게 초대해달라고 말할 수가 없었다. 사람들을 의심하게 되었다. 사람을 너무 믿는 것도 나를 궁지로 몰 수 있다는 걸 실감한 것이다. 부정적이고 어두운 생각이 문득 들었다. 한 번의 무서운 일 후에는 모든 것이 두려워졌다.

나도 곧 예전처럼 마음 편히 여행할 수 있을까?
떨지 않고 사람을 믿으며, 현명하게 여행을 할 수 있을까?
박스 안에 갇혀 있는 기분이었다.
히치하이킹이란 건, 길 위에 선다는 건 도대체 뭘까.

오기 때문인지는 몰라도 히치하이크로 유럽을 횡단하겠다는 목표는 포기할 수가 없었다. 히치하이크를 할 때면 따분한 세상에서 뜻밖의 선물을 받는 듯한 기분이 들었다. 돈을 떠나서 새로운 사람을 만나고, 누군가를 믿고, 거기서 받는 그 특별한 감정은 히치하이크가 아니었다면 아마 쉽게 얻지 못했을 것이다. 그렇게 무서운 일을 겪고도 내가 여전히 히치하이크를 포기할 수 없었던 이유. 엄지를 세워 올리며 도로 갓길에 설 때마다 온몸에 짜릿한 전율이 돋았던 이유는 아마 그 때문이 아니었을까.

그럼 사람들은 어째서 히치하이커를 태워줄까? 타인을 도와줌으로써 행복을 느낄 수 있어서? 그렇다면 사람은 어째서 타인을 도와주는 걸까. 결국에는 남을 돕는 행위에서 자신이 만족감과 행복을 느껴서가 아닐까? 그럼 반대로 타인을 돕지 않는 사람은 아마도 타인에 대한 경계심이 높거나, 타인을 도움으로써 얻는 만족감이 크지 않은 사람이겠지. 내가 울고불고 땅거미가 진 어두운 산길에서 차를 세우려고 할 때 그런 나를 그냥 지나친 차들처럼.

애나의 집 천장에는 이런 글귀가 적혀 있다.

"Ask, Believe, Receive."

사람들은 눈치 보여서, 부끄러워서, 경계심이 들어서, 미안함을 느껴서 등의 이유로 정작 자신의 생각을 행동으로 옮기지 않는다. 모든 사람들이 도움이 필요할 때 도움을 받을 수 있고, 서로 도울 수 있다면 좀 더 끈끈한 세상이 되지 않을까. 모든 것을 혼자 이겨내려 하고 독립적으로 살아가기 위해 고군분투하기보다 서로 힘을 합치고 베푼다면 세상은 지금과는 많이 달라질 것이다.

내일은 비가 그쳐 히치하이크를 시작할 수 있길 바라며. 내일도 무사히 살아가길 바라며. 누군가가 나에게서 행복을 빼앗아가지 않길 바라며. 어둠이 나를 잠식한 날, 애나의 집에서 우중충한 날씨와 노래를 즐기며 나는 어둠을 덮었다.

히치하이커들의 천국

📍. 다시 찾은 유럽

뜨거운 열기와 활기로 가득했던 한여름의 이집트를 떠났다. 부다페스트 공항에 도착한 현재 시각은 새벽 1시. 이제 공항 노숙은 일도 아니었다. 자연스럽게 공항 벤치에 침낭을 펼치고, 때가 탄 배낭을 자물쇠로 묶어둔 뒤 침낭 안에 쏙 들어갔다. 배낭 위에 발을 얹고 편안한 자세로 누워 지도를 이리저리 살펴보았다. 어디서부터 히치하이크를 시작해야 슬로바키아의 수도 브라티슬라바에 도착할 수 있을까.

부다페스트에는 브라티슬라바와 오스트리아의 수도 비엔나까지 이어지는 M1 고속도로가 있었다. 다행히도 시내에서 가까운 주유소에 고속도로 진입로가 있었다. 날이 밝으면 그곳으로 향해야겠다며 스르르 잠에 빠져들었다.

아침이 밝아오자 짐을 다 챙겨 마을버스에 올라탔다. 주유소로 향하는 길. 떨렸다. 유럽에서의 첫 히치하이크인데! 무사히 브라티슬라바에 갈 수 있으려나. 도로 위에서 몇 시간을 기다리게 될까. 그동안 숱한 히치하이크 경험이 있었음에도 유럽에서는 처음이었기에 막연한 두려움이 나를 움츠러들게 만들었다. 하지만 브라티슬라바의 호스트 매티가 부다페스트에서 슬로바키아까지 히치하이크하는 건 누워서 떡 먹기라기에 그나마 안심이 되었다. 히치하이크의 스승인 멜리사도 유럽에서의 히치하이크는 안전할 거라는 확신을 줬기에 걱정은 마음 한구석에 잠시 접어두고 길 위에 올랐다.

헝가리어로 안녕은 szia, 감사합니다는 köszi. 그밖에도 인터넷에서 찾아본 몇 개의 유용한 표현들을 머릿속에 되새기며 주유소 근처 버스정거장에서 내렸다.

자, 이제 새로운 챕터의 시작이야.

그동안 배웠던 히치하이크를 실컷 해보자.

첫째, 절대로 수상해 보이는 사람의 차에는 타지 않기.

둘째, 직감을 믿기.

셋째, 상대방의 눈을 쳐다보며 얘기하기.

고속도로 옆에 위치한 제법 커다란 주유소를 향해 걸어갔다. 헝가리에서는 'Agip'이나 'Shell'이라는 주유소가 가장 흔한데, 지도를 보고 차가 많이 들를 것 같은 주유소를 찾아가는 것이 현명한 선택이었다. 나는 주유소 주차장의 출구 쪽에 자리를 잡고 서서 볼일을 본 뒤 고속도로로 빠져나가는 차량을 주시했다.

'여기라면 운전자도 천천히 운전을 해서 차를 세우기가 쉬울 거야.'

모퉁이에서 손을 뻗어 히치하이크를 시작했다. 왠지 모를 시원한 기분이 나를 덮쳐왔다. 유럽에서의 히치하이크는 터키나 이란에서 지난 몇 달간 해오던 것과는 차원이 달랐다. 중동지역에서 히치하이크를 하려고 길에 서 있으면 다들 지나가다 말고 '쟤 대체 저기서 뭐 한대?'라는 듯한 호기심 가득한 눈빛으로 날 쳐다보곤 했다. 하지만 유럽에서는 히치하이크라는 개념이 보다

보편화되어 있는지 길 위에서 엄지손가락을 올리고 있는 것에 별다른 의구심을 갖지 않았다.

시작은 쉬웠다. 첫 주유소에서는 얼마 기다리지 않아 차가 섰다. 지금은 M1 고속도로 위. 브라티슬라바를 20km 남겨놓은 휴게소 주차장이다. 여기서 직진하면 비엔나, 오른쪽으로 꺾으면 바로 브라티슬라바인데 고작 이만큼의 거리를 남겨두고 나와 같은 방향으로 가는 차량을 단 한 대도 발견하지 못했다. 나를 보고 멈춰 서는 대부분의 차들은 비엔나로 가는 중이었다. 흥얼흥얼 노래도 부르고 뻐근한 몸을 스트레칭하며 2시간쯤 기다렸을까. 드디어 차 한 대가 멈춰 섰다.

야자수가 듬성듬성 그려진 하와이 느낌의 파란 셔츠를 반쯤 풀어헤친 이탈리아 아저씨였다. 멋쟁이 아저씨는 차를 타고 가는 내내 부인과 귀여운 손자, 손녀들의 사진을 보여주시며 끊임없이 이야기를 이어나가셨다. 친절한 아저씨 덕분에 유럽에서의 첫 히치하이크를 성공적으로 마치고 드디어 매티의 아파트 앞에 도착했다. 단지 안을 헤매다가 내가 찾던 아파트 동 앞에 다다랐을 때 그에게 전화를 걸었다.

"매티!!! 나 도착했어. 네 집 앞이야."

아파트 현관문이 열렸고 그가 내려왔다.

"히치하이크를 무사히 마쳤구나! 환영해, 브라티슬라바에 온 걸!"

그렇게 나는 유럽에서의 첫 히치하이크에 성공하고 자신감을 얻어 그 이후에도 히치하이크 여행을 이어나가게 되었다.

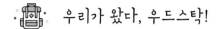 우리가 왔다, 우드스탁!

어느 날 타바취카 펍에서 맥주를 마시며 빈둥거리고 있는데 호스트 리암이 말을 걸었다.

> "다음 달에 코시체에서 마틴과 셀린이랑 히치하이크해서 폴란드 코스
> 트신나트오드롱에서 열리는 우드스탁 페스티벌에 갈 건데 너도 같이
> 갈래?"
> "당연하지. 나 8월이면 폴란드에 있을걸. 완전 재밌겠는데?"

그렇게 그들은 약속한 날짜가 되자 크라쿠프로 나를 만나러 왔다. 여전하구나, 너네들은. 집에서 호스트 라펠이 직접 내린 커피를 세 잔째 마시고 있었을 때 리암에게서 연락이 왔다. 갤러리아 근처 식당에서 저녁을 먹는 중이라고 하길래 배낭을 챙겨 집을 나섰다.

거의 한 달 만에 보는 친구들이 어찌나 반갑던지. 오랜만에 만나 많은 이야기를 나누며 저녁을 느긋하게 먹다 보니 이미 오후 9시가 지났다. 이 시간에 무슨 히치하이크인가 싶었지만 솔직히 우리는 별 상관없었다. 두 명이나

큰 텐트를 가방에 챙겨왔기에 여차하면 길거리에 텐트를 치고 아침에 다시 히치하이크를 해도 된다. 네 명이니 밤에 히치하이크를 해도 위험하지는 않겠지만, 뭐….

"애들아, 이거 아무리 봐도 무리 아니니?"
"하긴, 나 같아도 네 명은 안 태워주겠다."
"게다가 너네 머리 좀 봐. 드레드락. 어휴, 나같이 참하게 생겨야 태워주지."
"에이 누군가는 태워주겠지. 우리가 얼마나 매력적인데."
"퍽이나 태워주겠다."

우리는 티격태격 장난을 치며 히치하이크를 시도했다. 12시가 넘어서 점점 지쳐갈 때쯤, 기적같이 차 한 대가 고속도로 톨게이트까지는 간다며 우리 네 명을 다 싣고 고속도로로 차를 몰았다. 할렐루야. 신이 존재하기는 하나 보다. 운전자는 우리를 톨게이트에 내려놓고 떠났다.

이어서 톨게이트 옆 주차장에서 히치하이크를 해보려고 했는데 차들은 톨게이트를 지나 우리를 곁눈질로라도 쳐다볼 여유 하나 없이 빠르게 고속도로를 질주했다. 어떻게 하면 차를 세울 수 있을지 궁리를 하던 중 막춤을 추는 게 어떻겠냐며 의견이 모였다. 우리는 한밤중에 주차장에서 사인보드를 들고 막춤을 췄다. 그러자 한 운전자가 주차장 쪽으로 차를 돌려 멈췄다. 우리 넷을 다 태우고도 남을 큰 차였다. 역시 시선을 끄는 데는 춤만한 게 없군!

퇴근 중이셨던 아저씨 덕분에 카토비체까지 한 방에 갈 수 있었다. 우리는 카토비체에서 내려 잘 곳을 물색했다. 일단 근처 공원을 찾아봐야 했는데 너무 허기져서 맥도날드에서 감자튀김을 사와 나눠 먹고는 배낭을 메고 새벽

3시에 공원까지 걸어갔다. 공원 호숫가 옆에 텐트를 펼쳐놓고 땅에 고정시키기 위해 못을 박았는데, 그때 처음으로 제대로 텐트 치는 법을 배웠다. 텐트는 무척 컸기에 한 개로도 충분했다. 텐트에 들어가 각자의 침낭에 몸을 쏙 집어넣고 세로로 나란히 누워 쥐 죽은 듯 잤다. 침낭에 들어갔는데도 몸이 약간 으슬거리는 건 추운 바깥에서의 오랜 기다림 때문일 것이다.

다음 날, 텐트 안으로 햇빛이 새어 들어와 누가 먼저랄 새도 없이 동시에 깨어났다. 몸을 뒤척이며 텐트 지퍼를 열어 밖을 내다보았다. 호수에서 눈을 뜨는구나. 바로 앞은 맑은 호수였고 청둥오리가 이른 아침부터 부지런히 먹이를 찾아 둥둥 떠다니고 있었다. 우리는 마트에 들러 빵과 초코우유를 사서 대충 배를 채우고, 주유소 근처에서 두 명씩 나눠서 히치하이킹을 시도했다. 나는 마틴이랑, 리암은 셀린과. 그러나 두 팀 모두 1시간 이상 기다리다 지쳐버렸고, 나와 마틴은 주유소로 들어오는 차의 번호판을 유심히 보기 시작했다. 만약 브로츠와프 방향 번호판을 달고 있는 차량을 발견하게 되면 차 주인에게 혹시 태워줄 수 있는지 물어보겠다고! 그리고 정말 운 좋게 브로츠와프로 가는 운전자를 만나게 되었다.

"지금 가족이랑 맥도날드에서 점심을 먹을 건데, 다 먹으면 같이 가자.
브로츠와프까지 태워줄게."

식사를 마친 뒤 그는 우리를 태우고 출발했다. 그들은 브로츠와프에 사는
의사 부부였다. 차를 타고 가는 내내 폴란드의 역사와 정치 얘기를 한참 했
다. 브로츠와프에 도착했을 때, 이렇게 브로츠와프를 지나치는 건 아깝다며
짧은 시간이지만 도시를 드라이브하며 관광 명소를 보여주기까지 하셨다.

"여기는 내가 다녔던 대학교. 여기서 지금의 그녀를 만났지."
"그러게. 그때 당신 맨날 파티에 간다고, 의대생이 공부는 죽어라 안 했
는데. 많이 철들었어."

하하. 우리는 티격태격거리는 부부의 모습을 보며 웃느라 정신이 없었다.
의사 부부는 우리를 포즈난 방향 길목에 내려주셨다. 이곳은 내가 본 도로 중
가장 히치하이크하기 좋은 도로였는데, 역시나 다음 차를 타는 데는 10분도
채 걸리지 않았다. 이후로도 몇 번의 캠핑과 히치하이킹을 하면서, 우리의 히
치하이크 여정에도 끝이 보이기 시작했다. 도착했을 땐 2박 3일간의 히치하
이크 일정에 다들 지쳐 있었지만 서로의 우스꽝스러운 몰골을 보며 웃을 수
있었다.

드디어! 우리가 왔다. 우드스탁!

우드스탁 페스티벌에는 사람이 정말 많았다. 콘서트를 하는 무대를 제외하고도 만 평이 넘는 들판이 전부 텐트촌이었다. 다들 술에 취하기 위해 작정을 했는지 어딜 가든 빈 맥주병들이 굴러다녔다. 술이 깰 만하면 마시고, 또 마시고, 끊임없이 마셔댔다. 가지고 온 술을 없애버리지 않으면 지구가 멸망하기라도 할 것처럼 오직 술 마시는 데 열중이라니. 일분일초도 술이 깨어 있었던 적이 없는 듯했다.

미국에서 시작된 우드스탁 페스티벌은 히피들의 축제였다. 사람들이 헐벗고 있다는 오리지널보다 선정적이거나 자유로운 분위기는 덜했지만 아무튼 술은 죽어라 마셔댔다. 주변에 이렇게 많은 사람들이 동시에 술에 취해 있는 광경은 꽤 웃겼다. 처음 도착하자마자 어디에 자리를 잡을지 고민하던 나와 세 명의 친구들 리암, 마틴, 셀린은 유쾌한 폴란드인 무리를 만나게 되었다. 폴란드 국기가 걸려 있는 막대기 옆에 텐트를 치고 그들과 어울리기로 했다. 텐트에 짐을 정리해두고 나오려는데 폴란드인 도미니카가 내 가방에 있던 태극기를 가리키며 물었다.

"이것도 여기에 다는 게 어때?!"

전직 치어리더였던 그녀는 마틴의 어깨 위에 올라서서 태극기를 막대기 끝에 달아주었다. 폴란드 국기와 대한민국 국기. 두 개의 국기는 바람에 휘날렸다.

분위기에 점차 익숙해진 우리는 다른 사람들처럼 밤새도록 술만 마셨다. 언제 잠에 들었던 건지 기억도 가물가물했다. 텐트 안이 너무 뜨거워서 잠결에 뒤척이다 벌떡 깨어나보니 대낮이었다. 텐트 밖으로 얼굴을 쏙 빼놓고 밖을 쳐다보니 폴란드인 무리는 여전히 술을 마시고 있었다. 목이 마르다고 하니 맥주 한 병을 손에 쥐어준다. 밤이건 낮이던 술자리는 끝나지 않는군. 아니 근데 어제 그렇게 늦게까지 술을 마셨는데 이렇게 일찍 일어나다니. 아예 잠을 자지 않은 걸까? 거참 신기하네.

맥주 몇 모금으로 칼칼한 목을 축였다. 맞은편 텐트에서 눈을 비비던 남자애는 배가 고픈지 휴대용 버너 위에 철밥통을 올려 즉석에서 토마토 파스타를 만들고 소시지도 노릇노릇하게 구웠다. 근처에 마트가 없기에 페스티벌에 참가하는 대부분의 사람들은 차에 음식을 잔뜩 싣고 왔다. 이동식 편의점처럼 트렁크에서는 식량이 끊임없이 나왔다. 이미 배는 부를 만큼 불렀고, 대낮부터 마신 술로 인해 정신은 알딸딸했다.

선선한 바람이 불어오자 술기운이 조금은 가셨다. 술병을 내려놓고 친구들과 공연을 보러 무대 앞으로 다가갔다. 하지만 작은 키 탓에 무대가 전혀 보이지 않았다. 마틴은 아쉬움에 발을 동동 구르는 나를 번쩍 들어 목마를 태워주었다. 몸이 공중으로 붕 뜨는 느낌과 함께 무대 앞이 훤히 보였다. 그러고 얼마 지나지 않아 나는 관중 속으로 다이빙을 하게 되었다. 크라우드서핑이라고 불러야 할까. 난 가장 높은 곳에서 하늘을 쳐다보고 누웠고 관객들의 손길이 살며시 내 등과 머리를 스치며 지나갔다. 그들은 하나의 파도였다.

크라우드 서핑은 나를 잠시 무대에서 멀리, 그리고 가까이 움직여주었다. 온몸에 전율이 돋았다. 태어나서 처음 느껴보는 짜릿함. 황홀한 기분과 함께 나는 완전히 콘서트에 심취할 수 있었다. 하나 5분도 되지 않는 찰나의 순간 황홀경을 헤매던 나는 갑자기 균형을 잃고 바닥으로 쾅, 관객의 머리 위에서 발끝으로 떨어지며 땅에 부딪쳤다. 머리가 얼얼했다. 떨어트릴 거면 미리 말을 해주든가!

아무래도 머리에 커다란 혹이 날 것 같았다. 뇌진탕이 아닌 게 다행인 건가. 이러다가 갑자기 단기기억상실증에 걸리면 어떡하지. 공연이고 나발이고 후유증이 걱정돼서 툴툴거리며 다시 텐트로 돌아왔다. 자고 일어나니 우려와는 다르게 큰일은 없었다만 머리에는 예상대로 거대한 혹이 생겨버렸다.

머리에 혹을 달자 진심으로 걱정이 되어 술을 조금 줄였다. 멀쩡한 정신으로 있다 보니 이 우스꽝스러운 상황을 기록하고 싶어 가방에서 일기장을 꺼내 들었다. 평소에는 술 마시느라 남이 뭘 하든 신경도 안 쓰던 사람들이 웬일인지 호기심을 보였다. 다들 술병을 내려놓더니 일기장을 둘러싸고 모여앉았다. 그들은 내 다이어리에 폴란드를 추억할 만한 것을 남기겠다며 주머니에서 잡동사니를 주섬주섬 꺼냈다. 이미 쓴 버스티켓, 지폐, 스티커, 마을이름이 큼지막하게 적힌 테이프 등. 너도 나도 달려들어 갖고 있는 것을 붙이고 글을 적어 일기장을 알록달록 예쁘게 꾸며주었다. 내가 폴란드에서의 시간을 영원히 기억할 수 있도록! 그들은 일기장뿐만이 아닌 내 마음에도 잊지 못할 추억을 달아주었다. 외국인인 나를 진심 어린 마음으로 대해주는 그들의 마음이 너무 예뻐 눈가에 눈물이 맺혔다.

우리들의 추억을 절대 잊지 않을게, 친구들아!

인생은 단 한 번뿐이야

룩셈부르크의 호스트였던 앤디네 집은 프랑스 국경 근처였다. 차를 타고 7분쯤 가다 보면 작은 로터리와 짧은 터널이 나오는데, 그 너머가 바로 프랑스 땅이다. 앤디는 출근하러 가는 길에 나와 민수를 로터리 앞에 내려 줬다. 우리는 가방 옆구리에 바게트를 비상식량으로 꽂고 다녔다. 앤디네서 먹다 남은 소시지도 챙겨 나왔는데, 히치하이크를 하다 배가 고파지면 먹을 생각이었다. 아, 우유도 한 통 샀다.

우리는 짧은 터널을 도보로 통과해 프랑스에 섰다. 여기서부터는 히치하이크를 해야 할 텐데 마땅히 차를 세울 만한 곳이 보이지 않았다. 바로 그때, 길을 걷던 나는 갑자기 멈춰 서서 엄지를 높이 들었다. 뭔가 촉이 왔다!

"야. 여기 갓길도 없잖아. 차 못 세울 것 같은…."

민수가 문장에 마침표를 찍기도 전에 열정이 끓어넘치는 프랑스 아저씨가 핸들을 홱 꺾어 도보에 바퀴 하나를 걸치며 차를 세웠다.

"애들아. 얼른 타!"

나도 놀라고 민수도 놀랐다. 차에 올라타자 엄청나게 큰 개가 침을 튀겨가며 우리를 반겼다. 아저씨는 정말 멋있는 분이셨다. 우리 나이였을 때 히치하이크를 하며 유럽 전역을 누비고 다니셨다고 한다. 그때 아저씨가 해준 말이 아직까지 머릿속에 맴돈다.

"인생은 단 한 번뿐이야. 실컷 여행하고 하고 싶은 것 다 하고 살아. 젊음을 즐겨. 젊었을 때 미친 짓 한 번쯤 해봐야 인생이지."

아저씨는 운전면허증을 두고 나와 멀리는 못 데려다준다며 고속도로 바로 앞까지 데려다주시더니 "잘 가"라며 쿨하게 가버리셨다. 아저씨 최고! 덕분에 시간 가는 줄도 모른 채 고속도로 입구까지 즐겁게 진입했어요. 오늘 하루, 시작부터 밝은 에너지를 잔뜩 받고 히치하이크를 해본다.

다음으로 우리를 태워주셨던 스코틀랜드인 아저씨는 현재 스키강사로 일하고 있는데, 부인과 딸 2명과 스위스 제네바에 사신단다. 아저씨는 23살 때 현관을 박차고 나와 대문 바로 앞에서 스키 장비를 메고 히치하이크를 한 적이 있다고 한다.

"스위스 알프스산에서 스키를 타보는 게 내 평생 꿈이자 소원이었거든. 스코틀랜드에서 스위스까지 도착하는 데는 약 5일이 걸렸어. 난 스키를 실컷 타고 리조트에서 아르바이트까지 하며 겨울을 보내고, 봄이 다가올 때 다시 히치하이크를 해서 집에 돌아갔지."

농담인지 진담인지는 모르겠지만 이런 말도 놓치지 않으셨다.

"내가 히치하이커를 태우는 기준이 뭐냐고? 중요한 건 말끔한 모습이지. 성의 없어 보이게 짝다리를 짚거나 담배를 찍찍 피우고 있으면 태워주기 싫더라. 아무래도 내가 태우고 싶은 사람들만 태우게 되더라고."

고속도로의 갈림길에서 내린 우리는 가방에 있던 자두를 꺼내 먹고 다시 히치하이크를 시작했다. 다음 차를 타기까지는 거의 2시간을 기다려야 했다. 다행히 둘 다 긍정적인 편이라 불평은 없었다. 오랜 기다림 끝에 친절한 트럭 운전사 아저씨가, 우리 또래 커플이, 주말여행을 마치고 돌아가는 독일인 부부가 차를 태워주셨다.

유럽에서 하는 히치하이킹은 유쾌했다. 우리 나이였을 때 히치하이크를 해봤던 많은 어른들이 차를 태워주셨고 20대에 경험했던 파란만장한 이야기를 해주셨다. 마치 어린 시절 할머니 무릎에 누워서 들었던 포근한 옛날이야기처럼, 우리는 차에 앉아 히치하이커 선배들의 즐거운 경험담에 귀를 기울였다. 마침내 우리는 여러 사람들의 도움을 받아 뮐루즈를 지나 다음 호스트가 사는 뢱스하임에 도착했다.

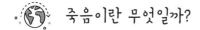# 죽음이란 무엇일까?

파리를 떠나는 길이었다. 하늘에서 떨어지는 빗방울은 점점 굵어졌지만 대수롭지 않게 히치하이크를 시작했다. 나름 기분이 좋았던 날이었다. 여행에 쉼표를 찍고 이제는 새로운 나라에 간다는 것에 잔뜩 설레었던 날. 비가 내려서인지 동쪽으로 와서인지 해가 일찍 저물었다. 벌써 가을이 오려나 봐.

두 번째 차에 탔을 때의 일이다. 나를 태운 독일인 부부는 내내 오디오북만 들으며 침묵을 지켰다. 착하지만 지루한 사람들 같아 보였다. 이렇게 조용한 히치하이크는 처음이었는데 그렇다고 딱히 침묵을 깨고 싶지는 않았다. 차를 타고 가는 동안 심심해서 꾸벅꾸벅 졸기도 하고, 알아듣지도 못하는 독일어 라디오를 듣기도 했다. 2시쯤 이 두 번째 차에 탔는데 튀빙겐에 도착하니 저녁 7시 반이었다. 비는 쉴 새 없이 계속 내렸고 사방은 어스름이 짙게 깔려오고 있었다. 길이 막히는걸 보니 아무래도 오늘은 히치하이크를 계속하기 힘들 것 같았다.

"오늘 계획이 뭐니?"

245

"딱히 없어요. 최종 목적지는 슬로베니아거든요."

"너만 괜찮다면 집에 와서 자고 아침에 가지 않을래? 이미 어두워졌는
데 어디서 잘지 계획도 없는 널 아무데나 내려주고 싶지 않아."

"그럼 저야 감사하죠."

난 그저 공짜로 잘 곳이 생겼다는 것에 내심 다행이라고 생각하고 있었지
만 차 안의 분위기는 여전히 무거워 쉽게 기쁜 티를 내기 힘들었다. 일자로
달리던 고속도로를 벗어나 독일의 작은 대학마을 튀빙겐에 도착했다. 집으로
향하기 전에 부인이 내게 꼭 들를 곳이 있다며 양해를 구했다.

부부는 트렁크에서 꺼낸 꽃다발을 들고 공동묘지로 걸어 들어갔다. 돌아가
신 부모님을 뵈러 가나 보다. 뭘랄까. 우리 아버지가 할아버지 산소를 찾아뵙
듯 그런 줄 알았는데 뭔가 이상했다. 평소 알던 묘라기에는 너무 작았다. 묘
에는 어린이 장난감과 알록달록한 꽃이 놓여 있었고, 옆에서는 바람개비가
뱅글뱅글 돌아가고 있었다. 도대체 누구 묘이기에 아이들이 좋아할 만한 것
들이 놓여 있을까.

숙연한 분위기에 멍하게 서 있는데 갑자기 한 대 얻어맞은 처럼 정신이 들
었다. '아, 어린이. 설마 이 부부의 아이는 아니겠지?' 순간 마음이 철렁했다.
제발 내가 생각하는 게 아니길 바랐다. 묘비를 보니 올해였다. 바로 두 달 전.
묘에 꽃다발을 올려놓은 부인은 소중한 딸을 잃었다고 말하며 씁쓸한 표정을
지었다. 충격을 받아 목이 메어왔다. 그제야 침묵의 정체를 알았다. 그것은 슬
픔과 절망이었다.

도대체 어떤 심정일까. 감히 내가 상상이나 할 수 있을까. 무덤덤하게 무덤
위에 장식된 꽃을 정리해주는 부부의 손길이 가슴 한편을 찔렀다. 하늘은 무
심하게 비를 뿌렸다. 묘지를 나와 차를 타고 집에 갈 때까지 한마디도 할 수

가 없었다. 차마 위로의 말도 건넬 수 없었다. 대신 속으로 기도하고 또 기도했다. 그들이 이 시간을 무사히 버틸 수 있기를.

부엌 냉장고에는 그들의 젊었을 때 사진이 여러 장 붙여져 있었다. 얼굴에 환한 웃음을 가득 담은 채 카메라를 향해 윙크를 하는 사진도 있었고, 배낭을 메고 세계 어딘가를 여행하는 모습도 담겨 있었다. 옆에는 갓 태어난 아이의 사진이 있었다. 처음 아이를 품에 안았을 때, 얼마나 경이로웠을까. 평범한 듯 밝게 웃고 있는 부부에게 갑작스레 덮쳐온 비극이 원망스러웠다. 죽고 싶을 만큼 힘들겠지만 그럼에도 서로를 믿고 의지하는 둘의 모습은 한편으로 아름다웠다. 앞으로는 정말 행복하게 잘 살길 바라는 마음으로 두 손 모아 기도를 했다.

밤새 비 오는 소리를 들으며 3층 집의 꼭대기 전체를 혼자 썼다. 원래 이 공간은 아이가 쓸 장소였지만 주인이 없는 지금은 내 숨소리만 외롭게 바닥을 기었다. 매트리스에 누워 투명한 유리 천장 위로 우두두 떨어지는 빗소리를 감상했다. 채 마르지 않은 것 같은 벽지의 풀 냄새가 옆에 살며시 누웠다.

하늘이 울고 있나 봐. 하늘은 밤새 쉬지도 않고 부부를 대신해서 울어주었다.

📷. 할머니와 함께 히치하이킹

      슬로베니아에서는 히치하이킹이 어쩌나 잘 되던지, 히치하이킹이 제일 잘 되는 나라를 순위 매기자면 슬로베니아가 단연 1위였다. 작은 로가텍 마을의 회사원 아저씨들은 출근을 할 때 종종 히치하이크를 했다. 한 손에는 서류 가방을 들고, 멋들어진 양복을 빼입고. 그게 버스보다 빠르다나. 그만큼 히치하이크는 주민들의 일상에 녹아들어 있었다.

  하루는 길에서 우연찮게 만난 주민 할머니와 함께 히치하이크를 하게 되었다. 나는 로가텍 마을 북쪽에 위치한 크란에 가기 위해 골목길에서 차를 기다리는 중이었는데 분홍 꽃무늬 원피스를 입은 할머니가 어깨 한쪽에 가방을 걸쳐 메고는 옆에 나란히 서더니 엄지손가락을 척 올리는 것 아니겠는가.

  난 두 눈이 휘둥그레져 할머니를 바라봤다. 할머니는 뭘 새삼스럽게 쳐다보냐는 듯 허허 너털웃음을 터뜨리셨다. 히치하이크는 젊은 사람들만 하는 줄 알았는데! 이 마을에서는 남녀노소 히치하이크를 하는가 봐! 정말이지 신기했다.

  할머니는 로가텍에서 20분쯤 떨어진 바로 옆 마을에 사는 친구 집을 방문하러 가는 중이라고 하셨다. 나는 간식으로 챙겨온 바나나 한 개를 가방에서 꺼내 반을 잘라 한쪽을 드렸다. 그리고 우리는 꽤 많은 차를 스쳐 보냈다. 할머니와 함께 골목길에서 차를 기다린 지 30분 정도 지났을 때, 오래된 회색 차를 탄 할아버지가 우리 앞에 멈추셨다. 할머니와 나는 하이파이브를 하고 차에 올라탔다.

할아버지와 한창 담소를 나누시던 할머니는 목적지에 도착하셨는지 먼저 내리셨다. 나는 할머니와 헤어진 후에도 다른 차를 히치하이크해서 목적지를 향해 계속 달려갔다.

로가텍부터 크란까지는 고속도로를 타면 1시간도 걸리지 않는 거리였지만 마을과 마을을 잇는 작은 비포장도로로 빙 돌아오니 60km를 3시간에 걸쳐서 왔다. 길에서의 시간이 늘어났지만 고속도로에서의 풍경보다는 현지인들이 사는 작은 마을들을 스쳐 지나가는 것이 훨씬 흥미로웠다. 슬로베니아처럼 동네 길에서의 히치하이킹이 재밌는 나라는 처음이었다. 한 동네에서 옆 동네까지의 짧은 거리에서도 시골마을의 고즈넉한 정취가 배어 있었다.

함부르크의 히치하이킹 포인트

뮌헨, 그리고 바이로이트를 지나 독일의 남북을 가로질러 베를린에서 함부르크까지 온 지 벌써 며칠이 지났다. 여느 날과 같이 호스트와 저녁 식사 후 야경을 보고, 늦은 밤까지 수다를 떨다가 잠에 들었다. 아침 해는 눈 깜짝할 새에 떠올랐고 난 일어나자마자 집주인에게 인사를 하고 배낭을 챙겨 거리로 나왔다.

함부르크에는 히치하이커들이 자주 찾는 히치하이킹존이 있었다. 원형교차로에 있는 전봇대라는데… 지도를 보며 무작정 길을 걸었다. 원형교차로 직전에서 히치하이커들의 낙서 흔적이 가득한 전봇대를 발견했다.

'여기다!'

이곳에서 얼마나 많은 사람들이 히치하이크를 했던 걸까. 전봇대에는 히치하이크를 응원하는 문구들이 잔뜩 써져 있었다. 다른 히치하이커들도 나와 같은 장소에서 히치하이킹을 했다는 증거들은 전부 나에게 용기로 다가왔다. '혼자 히치하이크해도 잘 될 거야!', '행복하자', '여기서 히치하이킹하기 정

말 쉬워. 바로 갈 거야'라고 누군가가 써놓고 간 말들이 빼곡했다. 역시나 전봇대에 쓰여 있는 대로 함부르크에서 뤼벡까지 가는 차를 잡는 데는 5분도 채 걸리지 않았다. 히치하이킹존에서의 히치하이크는 성공률이 99퍼센트라는 말이 소문뿐인 말은 아니었나 보다.

이번에도 여성 운전자였다. 유난히 독일에서는 여성 운전자의 차를 많이 얻어 타는 것 같았다. 함부르크에서 출발한 뒤로 총 세 대의 차를 갈아탔는데 신기하게도 전부 여성 운전자의 차였다. 우리는 차를 타고 고속도로를 세차게 달려 나갔다. 10월의 스칸디나비아는 앞이 잘 보이지 않을 만큼 온 마을이 안개에 덮여 있어서 우중충했다.

세 번째로 탄 차의 주인은 독일인 잉아 언니였다. 원래는 다음 마을까지만 데려다주시기로 했는데 이대로 헤어지기가 아쉬운지 바닷가를 들렀다 가자고 하셨다.

"만나서 정말 반가워! 히치하이커를 태우는 건 처음이야! 혹시 너 시간 괜찮으면 바다도 보여주고 마을 구경도 시켜주고 싶은데 괜찮니?"

우리는 차를 북쪽으로 더 몰고 키엘 근처의 바다를 보러 갔다. 북쪽의 바다는 얼음장같이 차가워 보였고 하늘에는 온통 안개가 껴서 새하얗기만 했다. 하지만 차분한 분위기의 바다는 오히려 안개에 덮여 더욱 고요하고 깊은 느낌을 자아냈다. 바닷가에 가만히 앉아서 찬바람을 쐬다가 차를 돌려 산골길을 달렸다. 드넓은 들판에는 오랜 세월을 이겨낸 나무 한 그루가 외로이 서 있었다. 그리고 나무에는 헌 신발이 잔뜩 걸려 있었다. '슈트리'였다. 사람들은 오래된 신발을 나뭇가지에 걸며 소원을 빈다고 했다. 이곳은 언니에게도 무척이나 소중한 장소라고 한다. 우중충하다고 생각했던 안개는 오히려 풍경과 잘 어우러졌다.

'이곳에 데려와줘서 고마워요. 언니가 소중하게 여기는 장소를 보여줘서 고마워요. 마음에 다 담아 갈게요.'

도전, 히치하이킹!

☑ **나라마다 다른 히치하이킹 문화에 유의하자.**

어떤 방법으로 히치하이킹을 할지 인터넷을 통해 미리 찾아보고 도전하자. 이란, 이집트, 터키, 아르메니아, 조지아에서는 사인보드가 필요 없었다. 특히 이란, 이집트는 운전자들이 사인보드의 의미를 이해하지 못한다. 엄지손가락을 드는 것도 통하지 않기 때문에 손을 쫙 뻗어 위아래로 흔들어 차를 멈추는 편이 나았다. 또 일반 차량이 택시로 둔갑하는 경우도 있는데 중동, 동남아, 발칸 지역에서는 히치하이킹을 하기 전에 무료인지 꼭 확인할 것. 나중에 덤터기를 쓸 수도 있고, 심지어 어떤 지역에서는 히치하이킹이 불법이니 미리 알아보자.

☑ **구글 지도로 '출발지', '목적지'를 선택해 경로를 탐색한다.**

가장 빠른 경로보다는 큰 고속도로나 차 유동량이 많은 고속도로를 지나는 경로를 선택하는 게 유리하다. 일반적으로 히치하이킹하는 데 걸리는 시간은 지도에 표시된 소요시간의 최대 2배라고 생각하면 된다. 평균적으로는 기다리는 시간을 포함해 1.3배 정도 걸린다. 운이 좋으면 목적지까지 단번에 갈 때도 있다. 단, 나라마다 다른 부분도 있다. 이를테면 독일과 오스트리아는 대부분의 고속도로에서 속도 제한이 없기 때문에 차들이 180km/h~240km/h로 달린다. 같은 거리도 소요시간이 대폭 단축되지만 도로 사정이 좋지 않은 동남아의 경우는 같은 거리를 가도 2배 이상의 시간이 걸리기도 한다.

☑ **히치하이크 레터를 만들거나 현지 언어를 공부하자.**

다음 나라로 넘어가기 하루 전에 A4용지 양면에 필수 구문들을 적어놓고 차를 타기 전이나 운전자와 이야기를 나눌 때 활용하자. 특히 운전자와 현지 언어로 이야기를 나누다 보면 목적지에 도착했을 때 회화 실력도 많이 늘어 있을 것이다. 해당 국가의 언어를 조금이나마 할 줄 알면 훨씬 안전하고 즐거운 여행을 할 수 있다. 혹시라도 운전자가 나쁜 의도를 갖고 있을 경우, 현지 언어를 할 줄 알면 기특하게 여기기 때문에 나쁜 짓을 저지를 확률이 줄어드는 것 같다. 현지 언어로 그 나라의 칭찬을 하면 대부분의 운전자들은 매우 기뻐했다.

☑ 지도가 안내하는 경로의 고속도로 번호를 따라가자.

지도에 표기된 번호의 고속도로 진입로에서 차를 기다리자. 외곽으로 빠져나가기 어려운 대도시라면 'hitchwiki'에서 추천해주는 히치하이킹 스팟을 확인해보자. 일반적으로는 고속도로 진입로나 진입로 근처 휴게소 및 주유소에서 히치하이크를 하면 된다.

※hitchwiki에 나와 있는 히치하이킹 스팟을 활용하면 99.9% 완벽한 히치하이킹을 할 수 있는 것도 꿀팁!

☑ 마을 중심보다는 외곽에서 히치하이크를 하는 편이 유리하다.

중심부에는 마을 내에서만 다니는 차량들이 대부분이다. 중심에서 벗어난 외곽이나 큰 도로로 이어지는 진입로에는 다른 도시로 이동하려는 차량이 많아서 도시를 벗어나기가 쉽다. (대도시라면 대중교통을 이용해 외곽으로 나가서 히치하이킹을 하자.) 단, 갓길에서 히치하이크를 할 때는 차가 멈출 만한 공간을 확보해야 하며 운전자가 나를 잘 볼 수 있는 위치에 서 있어야 한다.

☑ 유동인구가 많은 도로, 또는 휴게소가 히치하이크를 하기에 좋다.

달리는 차가 나를 보고 멈출 수 있는 속도여야 한다. 때문에 차가 천천히 다니는 주유소 주차장이나 차들이 정체된 도로, 혹은 휴게소에서 히치하이크를 하는 것이 좋다. 예를 들자면 오스트리아의 어느 휴게소에서 같은 방향으로 가는 차가 거의 없었기에 12시간을 그 자리에서 기다려야 했다. 본인이 가려는 방향으로 가는 차가 너무 안 잡힌다면, 다른 방향으로 돌아가더라도 히치하이크하기보다 나은 장소에서 다시 도전하자.

☑ 태워주고 싶은 사람이 되자.

짝다리를 짚는다거나, 담배를 피우며 히치하이킹을 하는 건 금물! 운전자가 본인을 태우길 잘했다는 생각을 할 수 있게 행동하자. 그리고 운전자 역시 히치하이커를 태우길 두려워한다는 것을 알아두자. 무서운 인상을 가진 히치하이커라면 운전자들이 태우기 꺼려할 수도 있다. 안전해 보이는 사람이 되자. 사인보드나 엄지손가락을 들고 밝은 표정을 유지하자. 여럿이서 히치하이크를 한다면 춤을 추거나 웃긴 행동을 하는 것도 운전자들의 시선을 끄는 데 도움이 된다.

☑ 오랜 시간 기다리는 건 당연한 것이다.

조급해하지 말고, 짜증 내지 말자. 오늘 안에 목적지에 도착하지 못할 수도 있다는 가능성을 열어두자. 휴게소에서 노숙을 하는 것도 기꺼이 응하자. 그래도 결국에는 도착할 것이다. 참을성 있게 기다리자.

☑ 휴게소, 주유소에서 먼저 부탁해보자.

휴게소나 주유소까지는 왔지만 오랜 시간 차가 잡히지 않는다면, 주유를 하고 있는 운전자에게 정중하게 히치하이킹을 부탁드려볼 수도 있다.

☑ 거절할 줄도 알아야 한다.

운전자가 같은 방향으로 간다 해도 차에 타기 전 짧은 대화를 나눴을 때 느낌이 좋지 않으면 다른 방향으로 간다며 둘러대고 탑승을 거절해야 한다. 거절하기 멋쩍어 그냥 차에 올라탔다가는 위험한 상황이 닥칠 수도 있다. 조금이라도 의심스럽다면 타지 말고, 탔다 해도 이상한 느낌이 든다면 더 위험해지기 전에 바로 내리자. 차에 타고서도 다양한 이야기를 나누며 상대방에 대해 파악해야 한다.

☑ **차를 타기 전, 타고 가면서 운전자와 어디에서 내릴지 상의를 하자.**

차를 타기 전이나 타고 가면서 운전자와 내릴 곳을 합의하여 히치하이크를 이어가기 쉬운 곳에서 내리는 편이 좋다. 현지어로 '휴게소'라는 단어나 '여기에 내려주세요' 정도는 알아두는 게 좋다.

☑ **차 안에서의 분위기를 조율하는 것도 중요하다.**

무료로 차를 얻어 타는 대신, 운전자가 심심하지 않게 재미난 이야기도 많이 하고 소통하도록 하자. 운전자는 택시기사가 아니다. 이 순간만큼은 운전자와의 대화에 집중하자. 히치하이크는 돈이 들지 않는 대신 편하고 쉬운 것이 아니다. 감정적 소모가 큰 일이니 많은 에너지를 쏟아야 한다는 것을 알아두자. 당신을 태운 사람은 당신의 운전기사가 아니라 여행 동반자이다. 버스나 택시를 탔다는 듯한 예의 없는 태도는 금물!

☑ **나라마다 운전자의 특성도 다르다.**

유럽의 트럭운전자들은 대부분이 아주 괜찮다. 그러나 터키나 아르메니아에서의 트럭 히치하이킹은 강력하게 비추! 특히 여자 혼자 여행을 한다면 위험할 수 있다. 이란과 이집트에서는 가족차나 커플차가 길에 많아 비교적 안전하고 히치하이크를 하기도 쉽다.

☑ **가장 중요한, 탈출구 확보!**

혹시라도 위험한 상황이 생길 걸 대비하여 본인이 빠져나갈 구멍을 확보하자. 항상 머릿속으로 차 안에서 어떻게 도망칠지 시뮬레이션을 해두자. 본인의 안전은 본인의 몫이다. GPS를 이용하여 잘 가고 있는지 틈틈이 확인하는 것도 중요.

※ 중요한 물건은 보조가방에 넣어서 들고 타자. 가방은 항상 본인이 갖고 있는 편이 좋지만 자리 때문에 큰 가방은 트렁크에 넣어야 하는 경우가 많다. 혹시라도 차를 탈출해야 할 상황이 닥치거나, 트렁크에서 가방을 꺼내기 전에 운전자가 출발을 할 수도 있기에 큰 가방에는 잃어버려도 되는 물건을 넣고, 보조 가방에는 절대 잃어버리면 안 되는 귀중품을 넣자. (여권, 전자기기, 돈, 일기장 등)

히치하이킹 난이도

서유럽 〉 동유럽 〉 일본 〉 발칸 〉 중동 〉 코카서스 〉 동남아

〈복습! 조심할 것〉

① 의심스러운 운전자의 차는 절대 타지 말 것.
② 차에 타기 전, 꼭 운전자와 눈을 마주하며 짧은 대화를 나누자.
③ 옷차림에 주의하자.
④ 운전자에게 혼자라는 인상을 주지 말자.
⑤ 안에서 차 문이 열리는지 꼭 확인하자.
⑥ 운전자와의 분위기를 현명하게 조율하자.
⑦ 동행을 구해보자.

모르는 사람의 차를 타는 히치하이킹은 언제나 위험할 수 있다는 것을 명심하자. 항상 또 조심하고 신중해라. 히치하이크는 위험할 수도 있지만 조심한다면 다양한 사람들을 만나, 색다른 경험을 할 수 있다. 그리고 현지 사람들은 어떤 차를 주로 타고 다니는지, 어떤 라디오나 음악 방송을 듣는지 일상적인 면도 많이 배우게 된다. 현지에 대한 기본 정보나, 역사, 정치에 관한 지식도 얻게 된다. 그 나라만의 문화와 언어도 빠르게 습득할 수 있었으며, 일반 관광객들은 놓치기 쉬운 현지인들만의 히든 플레이스에 가게 될 수도 있다. 게다가 버스를 타면 그냥 지나칠 법한 경유지에서 잠시 쉬었다 갈 수 있다. 다양한 차를 타보고, 고속도로를 하나하나 찾아보고 목적지까지의 경로를 준비하는 것도 즐겁다. 오랫동안 차를 기다리면 지루하기도 한데 그러다가도 히치하이크에 성공하면 뿌듯하다.

잊을 수 없는 인연

🚆 호화로운 저택에서

다정한 초대

　벨기에 국경 휴게소 앞에서 삐뚤삐뚤하게 루벤이라고 쓴 종이와 함께 30분 넘게 차를 기다렸다. 어딘가로 사라져버린 유성매직을 대신해 얇은 볼펜을 사용했기 때문에 아마 뤼벡이라 적힌 글씨는 잘 보이지 않을 것 같았다. 어느덧 해는 지평선 아래로 숨어버렸고 나는 휴게소에서 노숙을 해야 할지도 모른다. 히치하이크를 포기하고 짐을 챙겨 휴게소 건물 안으로 들어가려는데 자가용 한 대가 멈춰 섰다. 운전자인 크리스티앙 아저씨는 아름다운 기차역이 있는 도시로 유명한 리에주에 간단다. 마침 리에주는 다음 목적지인 루벤으로 가는 길목에 있어서 차를 얻어 타게 되었다.

　크리스티앙 아저씨는 부인인 지젤 아주머니, 그리고 고등학생 아들 니콜라스와 함께 차에 타고 있었다. 차를 타고 가던 중 지젤 아주머니는 이렇게 늦은 밤에 여자애를 길 한가운데 내려주고 갈 수는 없다며 집에서 자고 가라고 초대를 해주셨다. 어머, 잘 곳이 생기다니. 이게 웬 행운이야!

　리에주 시내를 지나 15분쯤 달렸을까. 차가 멈춰 선 곳에는 거대한 저택이 있었다. 이렇게 큰 저택을 실제로 본 건 태어나서 처음이었다. 아저씨가 직접 설계한 집이라던데 집에는 화장실이 네 개나 있었고 방은 얼마나 많던지 손가락으로 셀 수도 없었다. 복도에는 그림 그리기가 취미이신 지젤 아주머니가 그린 그림들이 나란히 걸려 있었다. 취미라기에는 몹시 뛰어난 솜씨였다. 그림들을 구경하며 복도를 걸었다. 아주머니는 복도 끝에 있는 방으로 나를 안내해주셨다.

"여기서 지내면 돼. 집이라고 생각하고 편하게 지내."

큰 창문이 딸린 넓은 방이었다. 한국의 내 방보다 두 배나 컸고, 손님방인지 정리정돈이 잘 되어 있었다. 배낭을 침대 옆에 내려놓고 푹신푹신한 침대에 몸을 누였다. 이런 방에서 매일 아침 눈을 뜰 수 있다면 얼마나 좋을까. 갑자기 찾아온 과분한 행운이라 현실로 받아들여지지가 않았다.

몇날 며칠을 제대로 씻지 못한 채 지냈던 나는 오랜만에 따뜻한 물로 더러

워진 몰골을 지워냈다. 포근한 감촉의 이불을 덮고 침대에 눕자 그동안 누적된 피로가 한 번에 씻겨나갔다. 그사이 아주머니와 아저씨는 아래층에서 저녁을 준비하시고 계셨는데, 샤워를 마친 후 부엌에 내려가서 뭔가 도울 게 없나 찾아봤지만 소파에서 쉬라며 극구 말렸다. 집에는 딸 소피와 이란성 쌍둥이 아들 니콜라스와 줄리엔, 그리고 소파에 누워서 하루 종일 턱을 괴고 조는 강아지 빌리가 있었다. 가족들과 원목으로 만들어진 8인용 테이블에서 해산물 파스타와 고급스러워 보이는 룩셈부르크산 와인을 마셨다.

성대한 저녁식사를 마친 뒤 소화도 시킬 겸 소피와 수영복을 입고 뒷마당에 설치된 자쿠지에 들어갔다. 따뜻한 물이 나오는 야외 온수풀인 자쿠지는 여섯 명이 들어가도 자리가 남을 만큼 컸다.

쏟아지는 별빛 아래, 뜨거운 김이 자욱한 온수풀에 들어가 물장구를 쳤다. 눈을 감고 따뜻한 물에 몸을 녹이고 있는데 크리스티앙 아저씨가 벨기에산 초콜릿과 직접 우린 차를 마시라며 옆 탁자에 두고 가셨다. 뜨끈한 물에서 몸을 녹인 우리는 차가운 돌계단을 맨발로 성큼성큼 밟고 나와 오른편에 있는 가정용 스팀사우나에 들어갔다.

'집에 사우나가 있다니. 이게 꿈이야? 현실이야?'

소피가 알려준 사용법에 따르면 벨기에에서는 때타월로 때를 미는 대신 바디스크럽으로 각질을 제거한다고 한다. 스팀사우나에 들어가 시원하게 때를 불린 후 스크럽제로 몸을 마사지했다. 개운하게 샤워를 한 뒤 스팀사우나 밖으로 나갔다. 여름밤이었지만 습도가 높지 않아 시원했다. 커피머신에 캡슐을 넣어서 향긋한 커피 한 잔을 내려 야외 테이블에 앉아서 마셨다. 목욕을 했더니 몸이 노곤해졌다. 평소에는 쉽게 누리지 못할 호화로운 하루였다.

　히치하이크를 하다가 누군가의 집에 초대되어 밤을 보내는 건 처음이었다. 현지인 가족이 사는 모습을 바로 옆에서 경험하게 되다니! 이런 일이 흔히 일어날 법한 일은 아니었기에 놀랍기도 하고 감사하기도 했다. 그런데 그들도 마찬가지였단다. 낯선 이방인을! 특히나 한국인을 집에 초대하는 건 처음이었다고. 내가 감사하다며 절을 해도 모자를 판인데 오히려 나를 만나서 한국이란 나라에 대해 흥미를 갖게 되었다고 하셨다. 씩씩한 소녀의 여행담을 들을 수 있어서 무척 즐거웠다고 해주시니 몸 둘 바를 모르겠다. 유쾌한 벨기에 가족들과 함께 지내니 가만히 있어도 얼굴에 미소가 지어졌다. 몹시 사랑스러운 가족이었다.

　그들이 사는 모습은 한국의 평범한 가정과는 참 달랐다. 이곳의 사람들은 매사가 여유로웠다. 복지도 잘되어 있고 근무환경이 유연해서인지 여가활동을 즐길 시간도 훨씬 많았다. 일을 하고 남는 시간에는 취미활동을 하기도 하고 가족들과 화목한 생활을 즐기며 살아가는 듯 보였다. 크리스티앙 아저씨는 토지개발공사에서 일을 하셨고 지젤 아주머니는 약사셨는데 두 분은 1년에 9개월만 일을 하고 남은 3개월은 여행을 다니며 가족들과 함께 보낸다고 한다. 문득 장사를 하느라 365일 일만 하시는 부모님 생각에 마음이 아려왔다.

'왜 우리는 마음의 여유를 갖지 못한 채 앞만 보고 달려야 하는 건가요.'

현실에서 도망쳐 혼자 행복을 누리고 있으려니 괜스레 눈시울이 시큰해졌다. 정말 난 철이 없는 딸인가 보다. 고된 일로 지친 부모님의 얼굴을 오랜만에 떠올리며 눈을 감았다.

비가 오는 날은 크레페

길게 신세를 질 수 없다는 생각에 둘째날 눈을 뜨자마자 짐을 챙겨서 현관으로 내려왔다. 하지만 창밖에는 장대비가 세차게 내리고 있었다. 지젤 아주머니는 비 오는 날 무리해서 가지 않아도 된다며 날씨가 갤 때까지 며칠 더 지내다 가라고 하셨다.

비도 오고 날씨도 우중충하기에 집에서 쌍둥이, 소피와 함께 놀기로 했다. 비 오는 날은 역시 크레페가 제격이라며 니콜라스는 주방 서랍에서 크레페 전용 팬을 꺼내왔다. 그는 자신 있게 팔을 걷어 올리며 크레페 재료를 준비했다. 밀가루, 우유, 달걀, 버터 그리고 약간의 소금.

"그럼 재료를 구하러 가볼까!"

잔뜩 신이 나 보이는 니콜라스를 따라 뒷마당으로 나왔다. 마당 안쪽에는 지젤 아주머니가 가꾸시는 아기자기한 텃밭이 있었다. 민트, 바질, 토마토, 호박, 양파, 오이, 상추 등 웬만한 채소는 전부 직접 재배하고 계셨다. 작은 텃밭에 이렇게나 많은 종류의 식물들이 살고 있다니. 나도 언젠가는 이런 사랑스러운 집에 살 수 있으려나?

마당에는 딸기와 해바라기꽃, 자두나무가 있었다. 그리고 한쪽에는 병아리와 닭이 옹기종기 모여 사는 닭장도 있었다. 니콜라스는 닭장 문을 열고 들어가더니 닭을 꺼내 한번 안아보라며 내 품에 안겨주었다. 푸드덕거리던 닭은 내 품이 편한지 구구거리며 가만히 안겨 있었다. 닭을 다시 제자리에 내려놓고 모이를 한 줌 주고는 암탉이 낳은 달걀을 몇 개 챙겨서 집에 들어왔다.

마당에서 구한 재료들을 전부 블렌더에 넣고 섞자 쫀득한 반죽이 완성되었다. 원형 크레페 팬에 버터를 바르고 그 위에 반죽을 얇게 펴서 올렸다. 반죽에 방울이 올라오며 크레페는 점점 모양새를 갖췄다. 크레페를 만드는 법은 생각보다 아주 간단했다.

'과연 내가 집에서 혼자 크레페를 만들 수 있을지는 모르겠지만, 나중에 큰 집을 산다면 꼭 크레페 전용 팬을 사고 말 테다.'

우리는 부엌에서 얇은 크레페를 열 장도 넘게 만들었다. 4인용 반죽을 준비했더니 잘 익은 크레페가 접시 위에 층층이 쌓였다. 제일 위에 있던 크레페를 한 장 덜어내 쟁반에 펼쳤다. 그 위에 휘핑크림과 흑설탕을 가득 뿌린 뒤 돌돌 말아버리면 완성! 직접 만든 크레페는 입에서 살살 녹을 정도로 달달했다. 촉촉한 크레페와 달콤한 크림의 조합은 완벽했다. 밀가루와 계란을 내 손으로 직접 섞어서 그런지 더욱 맛있었다. 물론 이 모든 걸 할 수 있었던 건 옆에서 잔소리를 하며 코치해준 니콜라스 덕분이다. 벨기에 가정집에서 크레페를 만들 게 되리라고는 상상도 해본 적이 없는데. 니콜라스, 고마워!

마쉬멜로를 녹인 달콤한 핫초코를 후식으로 마신 뒤 이번에는 줄리엔과 2층에 올라가 당구를 쳤다. 호화로운 저택에는 당구대, 탁구대는 물론 사면이 책들로 가득한 서재도 있었으며 앞마당에는 발리볼 코트와 분수대, 야외 테이블과 바비큐 시설도 설치되어 있었다. 실로 없는 게 없는 집이었다.

저녁에는 소피의 남자친구가 식사를 하러 올 예정이었다. 같이 요리를 하는 게 어떻겠냐는 소피의 말에 대형 마트로 장을 보러 갔다. 우리가 만들 요리는 스페인산 흑돼지 뒷다리구이와 벨기에 푸딩이었다. 크리스티앙 아저씨는 사이좋게 요리하는 우리의 모습을 흐뭇한 표정으로 쳐다보셨다. 그러고는 원목 테이블에 스타터로 먹을 나초와 아보카도를 으깨 만든 과카몰리, 오늘의 요리와 잘 어울리는 프랑스산 화이트와인과 레드와인을 두 병 꺼내놓으셨다. 식탁에 놓인 갖가지 요리들을 보자 입에 침이 고였다.

'여기는 천국인 게 틀림없구나.'

우연의 끈

일기예보를 보니 다음 날은 날씨가 좋을 것 같았다. 아침 8시에 일어나 소피와 시내 구경을 하러 가기로 했다. 시내 구경이 끝나면 나는 리에주를 떠나 루벤으로 갈 것이다. 방에서 가방을 들고 1층으로 내려갔다. 부엌에 계시던 지젤 아주머니는 선물 한 보따리를 내 앞에 놓으셨다. 루벤으로 가는 길에 배가 고플 거라며 직접 만드신 샌드위치와 바나나, 맥주, 초코케이크와 탄산수까지 비상식량을 바리바리 챙겨 봉투에 담아주셨다. 그 외에도 벨기에에서 가장 유명한 만화 캐릭터 틴틴이 나오는 만화책, 두툼한 종이에 루벤이라 큼지막하게 적은 히치하이크 사인도 손수 만들어주셨다. 혹시 비가

오더라도 투명 파일에 넣고 다니면 젖지 않을 거라며 종이를 투명한 파일에 넣어주셨다. 정말 감동이었다.

'지젤 아주머니, 신세 많이 지고 갑니다.'

감사함에 어쩔 줄 몰라 아주머니를 꽉 안아드리고 몸을 돌려 현관을 나왔다. 소매로 붉어진 눈시울을 훔치고는 소피의 차에 올라탔다.

시내에 나가 리에주에서 가장 유명하다는 벨기에산 초콜릿과 바닐라 와플을 사먹고는 뷔렌 언덕에 올라가 시내의 전경을 내려다보았다. 리에주는 작지만 무척 화려한 도시였다. 리에주를 중심으로 흐르는 아름다운 뫼스강과 한가운데 있는 섬이 한눈에 들어왔다. 저 멀리 모던한 건물들과 거리의 사람들이 점처럼 작게 보였다. 언덕에서 내려와 시내를 몇 바퀴 더 돌아보고 난 뒤 나는 소피와 헤어졌고, 히치하이크를 하러 다시 길 위에 올랐다.

실처럼 이어진 우연의 끈이 어떨지는 아무도 모르지만 이 실을 잡을지 말지 고르는 건 온전히 본인의 몫이다. 국경 휴게소에서의 히치하이크가 호화로운 저택라이프로 이어질 줄 누가 알았겠는가. 리에주 와플처럼 따뜻하고 달콤한 시간을 벨기에 가족들과 함께할 수 있어서 즐거웠던 것 같다.

보름달이 뜨면

저녁을 먹고 난 후 호스트의 집 뒤에 있는 언덕에 올라갔다. 넓게 펼쳐진 풀밭에 걸터앉아 시내를 내려다보았다. 차가운 풀밭에 드러누우니 끝없이 펼쳐진 어두운 밤하늘이 전부 내 것이 된 것만 같았다. 보름달이구나. 달빛은 길게 뻗어 나와 캄캄한 밤하늘을 밝게 비췄다.

보름달이 뜰 때면 늘 마음이 싱숭생숭해졌다. 만월의 밤은 아르메니아를 떠난 날이기도, 터키에서 비행기를 탄 날이기도, 야간버스를 히치하이크해서 이란을 떠난 날이기도, 아프리카를 뒤로한 채 이집트를 떠난 날이기도 했다. 보름달이 뜨는 날. 나는 어딘가에서 또 다른 어딘가로 떠나곤 했다. 달빛이 쏟아지는 언덕은 처음 여행을 시작했던 때의 초심으로 다시 한 번 돌아가게 했다. 아무것도 몰랐던, 서툴렀지만 열정으로 가득 찼던 그때로.

만월의 밝은 빛이 기분을 묘하게 들뜨면서도 차분하게 만들었다.

그동안의 일들이 무색하리만큼 시간은 빠르게 흘러갔다. 하지만 파리에서의 시간만큼은 느리게 흘러갔다. 여행의 쉼표처럼. 과거의 기억이 희미해져 이제는 실제로 있었던 일인지 꿈인지 구분도 못하겠지만 가끔씩은 너무나도 강렬하고 비현실적이게 아름다워서, 가슴이 아플 정도로 두근거려 꿈인 것 같다는 생각을 하기도 했다. 가끔 석양 무렵의 오렌지빛 하늘이 떠오르면 그 풍경은 환상 속에서나 존재하듯 멀게 느껴지기도 했다. 수많은 시간과 길게 이어진 기억들. 그러고 보면 지난날에 우연한 만남은 참 많았으며 그들을 만나지 않았다면 내 여행은 어땠을지 상상조차 할 수 없었다. 필연한 인연들이 내 시간을 함께 여행해주었다.

초심으로 돌아간 내 모습이 마음에 쏙 들었다. 그동안 히치하이크만으로 이동한 거리도 7,000km가 넘었다. 7개월 동안 쉼 없이 달려온 내 어깨를 토닥거렸다. 앞으로도 잘할 수 있을 거야, 미경아. 꿈꾸는 대로 산다. 이 말이 무슨 의미인지 이제야 조금 이해가 될 것 같았다. 앞으로도 꿈꾸자. 힘차게. 간절하게.

앞으로 열심히 나아갈 힘을 재충전하고 나서야 미련 없이 파리를 떠날 수 있었다. 내 인생이 더없이 사랑스럽게 느껴졌다.

어느 날 누군가 물어왔다.

"쉬고 싶니?"

'아니, 난 달리고 싶어. 이 여정을, 이 길 위의 여정을 계속 이어나가고 싶어.'

행복해야지. 행복하니, 미경아. 적은 돈으로 여행하게 되니 모든 것에 더 간절해지더라. 현지인들을 만나 더 값진 경험을 할 기회도 많아지고, 더 배우고 싶은 것도 많아지더라. 오늘도 내일도 안전하게, 행복하게 여행하자. 네 앞에 펼쳐진 많은 기회들을 만나 봐.

쉴 만큼 쉬었겠다. 이제 진짜 모험이 시작되는 것 같았다. 드디어 발칸반도로 향하는 관문이었다. 파리에서 슬로베니아까지는 며칠이 걸릴까. 아무래도 도심에서 히치하이크를 하는 건 어려울 것 같아 RER열차를 타고 파리의 동쪽 외곽으로 나갔다. 다음 목적지인 슬로베니아까지는 무려 나라를 두 개나 건너뛰어야 했다. 길고 긴 여정이 될 것이 분명했다. 하지만 가다가 어디선가 멈추어야 한다 해도 걱정하지 말기를. 언젠가는 도착할 테니.

절벽 다이빙

2013년 방송된 '꽃보다 누나' 촬영지였던 지상낙원 크로아티아, 두브로브니크. 성벽 밖, 절벽에 있는 부자카페에서 사람들은 따스한 햇살을 느끼며 커피 향을 맡았다. 카메라의 시선이 옆으로 돌아갔을 때, 한 장면이 내 시선을 사로잡았다. 부자카페 옆, 아찔한 높이의 절벽에서 젊은 남녀들이 망설임 없이 바다로 뛰어내리는 장면이었다.

정수리부터 타고 오는 그 짜릿한 느낌에 잠시 숨가쁘질도 잊어버린 채 TV에 시선을 고정했다. 뛰어내릴 때 어떤 기분일까. 절벽 위에 선 그들은 얼굴에 환한 미소를 한가득 담고 있었다. 나도 저 기분을 느껴보고 싶었다. 하늘을 날아오르는 기분이려나. 심장이 쿵 떨어지는 기분이려나. 언젠가 절벽 다이빙을 하고 싶다는 생각을 하며 버킷리스트에는 한 줄이 더 추가되었다.

'두브로브니크에서 절벽 다이빙'

결국 난 뭔가에 홀린 듯 부자카페를 찾았다. 청춘들이 절벽에서 파란 바다로 몸을 맡기는 거침없는 행동은 무척이나 매력적이었다. 여기다. 바로, 이 장소다! 그동안 상상 속에서만 했던 걸 현실에서 이루어낼 기회였다. …라는 생각은 오래가지 못했다. 마침내 절벽에 올라선 순간 '다시 생각해봐. 여기서

271

뛰는 건 아무리 생각해도 미친 짓이야', '뛰어야지, 뭘 고민하고 있어. 청춘남녀가 신나게 다이빙을 하고 있잖아', '언제 크로아티아에 다시 올지 모르는데', '너 고민하다 평생 못 뛴다' 속으로 중얼거리며 나는 자신과의 싸움을 시작해야 했다. 4시간 동안 나는 절벽 다이빙 스팟 옆 바위에 쭈그려 앉아 사람들이 다이빙하는 모습을 겁쟁이처럼 구경하며 결심한 듯 바위 끝에 발을 살짝 올렸다가도 막상 뛰려고 할 때면 다시 구석에 쭈그리게 되었다. 이상하게도 용기가 두려움을 이길 수 없었다.

포기하자. 그냥 돌아가자. 멍하니 쳐다보던 5시간 끝에 포기하고 카페를 나오려던 그때, 절벽에서 날 지켜보던 미국인 여행자 댄이 외쳤다.

"너 지금 아니면 못 뛰어. 기회가 있을 때 놓치지 말고 뛰어. 내가 도와줄게."

그 말을 듣자마자 속에서 용기가 마구 터져 나왔다. 어쩌면 등 떠밀어줄 사람을 기다린지도 모르겠다. 지금이라면, 정말 지금이라면 할 수 있을 것 같았다!

"나 뛸게. 할 수 있어. 댄, 나 좀 도와주지 않을래?"

뛰기 직전까지 댄은 내 옆을 지켜줬다. 댄이 먼저 뛰었고, 뒤이어 내가 바로 뛰어내렸다. 그 순간 용기는 두려움을 이겼다. 발 디딜 곳 없는 허공에서 나는 순식간에 바다로 빨려 들어갔다. 찰나의 순간 바다의 경계에서 차가운 온도가 피부를 긁었고, 이내 물속에 잠겼다. 두근거리는 심장과 뒤늦게 따라온 풍덩 소리, 나를 감싼 거대한 바다만이 그곳에 있었다. 잠시 멈춘 시간은

"너 지금 아니면 못 뛰어, 기회가 있을 때 놓치지 말고 뛰어. 내가 도와줄게."

다시 빠르게 움직였고 이내 나는 위로 올라왔다. "Clean Shot!" 사람들은 환호로 맞이해주었다.

그의 말에 용기를 얻어 뛰어내린 그 순간의 희열로 그 후에는 다이빙이 예전처럼 무섭지 않았다. 물론 아직도 높은 곳에 올라서면 다리가 후들후들거린다. 무서운 건 그대로지만 그래도 즐길 줄 알게 됐다고 해야 하나.

당신은 그 자체로도 충분히 특별하다

밤 골목을 헤집고 들어간 헤밍웨이 바에는 이런 말이 써져 있었다.

"Never love anyone who treats you are ordinary."

당신은 사랑을 받을 자격이 있고 사랑 받아 마땅하다. 스스로 하찮게 여기고 자신을 사랑하지 않는데 어느 누가 당신을 사랑하려고 할까. 당신은 그 자체로도 충분히 특별하다.

자전거를 반납하러 가는 길, 그날은 날씨마저도 완벽했다. 가늘게 불어오는 가을바람을 맞으며 높은 의자 탓에 차마 타지 못한 자전거를 끌며 도심 속을 걸었다. 가만히 불어오는 바람을 맞으며 잔디에 누워 하늘을 바라보기만 해도 행복이 넘치는 날이었다. 땅거미가 지는 무렵, 어디를 갈까 고민하다 결국 발걸음이 이끄는 대로 아무 곳이나 걷기로 했다. 사거리 모퉁이에 값비싼 시계를 파는 시계 상점을 발견했다. 들어가보자고 호기심에 찬 눈을 반짝이는 J의 말을 따르기로 했다.

"시계를 사서 상점을 나오는 사람들의 표정이 보이지? 분명 저 사람들은 럭셔리한 시계를 사는 것에서 행복을 느끼고 있어. 도대체 어떤 물건이기에 사람들을 저토록 행복하게 만드는 걸까 한번 보고 싶지 않아?"

"하지만 난 시계에는 전혀 관심이 없는걸? 차라리 그 돈으로 맛있는 거나 더 사먹었으면 좋겠다."

관심도 없다는 듯 시계점 안의 시계를 둘러보며 음식 얘기를 하는 나를 보며 그는 고개를 끄덕였다. 이런저런 얘기를 하며 시내를 걷다 디저트 가게를 발견했고, 시계점 안의 커플들처럼 행복한 표정으로 가게에 들어갔다. 역시 맛있는 걸 먹는 게 장땡이야. 달달하고 쫀득쫀득한 초코케이크를 먹으며 얼굴에는 미소가 끊이질 않았다.

몇천 원으로 달콤한 한 조각의 행복을 채운 뒤, 다시 밤거리를 걷기 시작했다. 사람들에게 물어물어 티라나에서 가장 유명한 헤밍웨이 바에 들어갔다. 그동안의 악몽 같던 기억들은 서서히 가루가 되어 흩어졌다. 그리고 J는 나도 모르는 사이에 나에게 스며들기 시작했다. 같이 있는 그 자체만으로도 의지되고 마음속 깊이 평온함을 느껴 얼굴에는 웃음이 끊이질 않았다. 다시금 혼자 있는 시간이 돌아올 때면 흩어졌던 악몽들은 뭉쳐져 나를 집어삼키려고 했다.

"나 사실 아직 여행하기가 두려워. 헤르체그노비에 있었을 때는 항상 사람들에 둘러싸여 있었고, 마음이 편안해서 끔찍했던 일을 잊은 줄 알았는데 전혀 아니더라고. 난 아마 괜찮아지려면 시간이 더 필요한 것 같아. 나 잘할 수 있겠지?"

땅콩을 안주로 시간에 취해 J와 한참을 얘기했다. 주변은 골동품으로 가득했다. J와 소통하고, 공감하는 지금이 언젠가 나에게 낡은 기억으로 잊히지 않기를. 골동품처럼 이 순간을 내 안에 오랫동안 품을 수 있기를 바랐다. 그러다 자리를 옮겨 추운 밤거리에 옷을 여미고 나란히 걸었다. 길거리에서 기타연주를 하는 젊은 음악가의 노래를 들으며 벤치에 걸터앉아 여행과 삶에 관한 이야기를 했다.

"난 이 꿈에서 깨어나는 게 무서워. 행복한 꿈에서 깨어나면 다시는 그 꿈으로 돌아갈 수 없으니까. 현실로 돌아가야 하는 건 아는데 너무 행복해서 이 순간을 더 즐기고 싶어. 이 순간이 현실과 꿈 양면에 공존할 수 없다는 사실이 안타까워."

"물론 나야 그렇게 살고 싶지 않아. 내가 어디로 가는지 모르는 채, 앞만 보고 남들 가는 대로 따라가고 싶지 않아. 하지만 물들까 봐. 내가 여행을 하며 새롭게 열려진 세계에 점점 물들어가는 것처럼 다시 나의 일상, 나의 세상으로 돌아가면 그 사회의 다른 사람들같이 물들어버릴까 봐 두려워."

가로등이 반짝이는 밤거리를 걸으며 우리는 얘기를 나눴다. 여행하는 내내 수성과 목성은 하늘 위에서 찬란하게 빛을 내고 있더라고. 천천히 걷는 것도 좋았다. 지칠 때면 잠시 앉아 쉬는 것도 좋았다. 나와는 다른 가치관을 알아가는 것도 좋고, 나와 다른 삶을 살아온 사람의 배경을 이해하는 것도 좋았다. 만석이던 버스 계단에 쪼그리고 앉아 창문 밖으로 어둑어둑해진 밤하늘을 보며 수다 떨던 것도 좋았다. 우리는 그날 밤 아무도 춤추지 않는 맥주페스티벌 광장에서 신나게 춤을 추고, 맥주를 마시며 웃었다.

J를 배웅하고 돌아오던 날, 침대에 누워 이리저리 뒤척여봤지만 공허함은 사라지지 않았다. 꿈같던 순간들은 눈 녹듯 사라져버렸고 J는 손에 잡힐 듯 말 듯 하더니 흩어져버렸다.

우린 다시 만나지 못할지도 몰라. 하지만 언젠가 세상 어딘가에서 만나길 바라. 짧은 시간이었지만 힘들었던 내 앞에 선물처럼 나타난 네게 고마워. 날 믿어주고, 큰 의지가 되어주고, 공감해주고, 용기를 줘서 고마워. 내 여행의 일부가 되어준 너에게, 고마워. 나의 안식처였던 너에게.

너의 일상은 나의 여행

아침에 벌떡 꿈에서 깨어났다. 웃기게도 나는 꿈에서조차 카우치서핑 홈페이지를 찾아 헤매고 있었다. 눈을 뜨자마자 익숙하지 않은 침대에 누워 아침을 맞고 있는 나. 그리고 창문 틈새로 내리쬐는 햇살, 블라인드 모양, 벽지, 바닥타일까지 어느 것 하나 익숙한 것이 없었다. 이 방의 공기와 침대시트도 나에게는 전부 새로운 세상이었다. 매번 다른 공간에서 아침을 맞이하는 나날에 익숙해지다 보니 내 방, 내 침대 위에서 눈을 뜨던 일상의 순간들을 잊은 듯했다.

나의 집이라는 포근함. 안도감. 또 같은 하루가 시작된다는 일상의 단조로움. 푹신거리지만 살에 닿으면 시원하던 분홍색 솜이불. 내 방의 따스한 공기와 방안에 은은하게 퍼져 있는 장미향 디퓨저. 각 벽마다 다른 네 가지 무늬의 벽지. 그렇게나 가깝던 일상이, 지금은 애써 떠올려야 기억이 날 만큼 희미해졌다. 언제 마지막으로 내 방에서 눈을 떴을까. 이제는 기억도 가물가물하다.

지금 지내는 곳은 내가 살던 곳과는 참 다르다. 마치 다른 별에 와 있는 기분이었다. 그에게는 이 아침이 내가 집에서 일어난 순간과 같을 것이다. 내가 이 방에 있다는 걸 제외하면 그에겐 모든 게 똑같은 하루의 시작이겠지. 너무나도 당연한 그의 일상이 나에게는 꼭 경험하고, 겪어보고 싶은 여행의 일부분이다.

그럼에도 이 방에서 맞이하는 아침은 꽤나 아늑하고 포근했다. 아침이면 오디오에서 들려오는 차분한 음악 소리. 곳곳에 걸린 그가 직접 그린 그림. 나는 지금 그의 하루에 들어와 있다. 어째서 나는 그의 일상에 매료된 걸까. 그저 나와 같은 또래 남자애의 일상일 뿐인데 말이다. 감수성이 풍부하고 세심하며 자연을 좋아하는 평범한 22살, 그의 일상에 녹아들었다.

난 지금 너의 일상이란 책의 한 페이지를 살짝 들여다보고 있어. 네가 느끼고 바라보는 너의 일상은 어떻니. 내가 보는 너의 일상과 네가 바라보는 너의 일상은 참 많이 다르겠지. 눈을 떠보니 난 언제부터인가 이렇게 여행하는 걸 당연하게 생각한 건지도 모르겠어. 눈을 뜨면 당연하단 듯 나는 다른 곳으로 향해야 하고, 다른 사람 집에 머물러. 내가 한국에 있을 때 우리 집 내 방에서 폭신한 이불을 꼭 껴안고 누워서 생각하던 거랑은 참 많이 다르다 싶어.

네 방의 공기, 창문 너머로 스며드는 따뜻한 햇살, 난 너의 일상에 스며들고 있나 봐. 이렇게 현지인을 오랫동안 옆에서 관찰한 건 처음이라 참 신기하기도 하다. 너를 알게 된 건 한 달 전이야. 벌써 한 달이 지나가고 있어. 1년 정도 되는 나의 여행에 너도 한 부분을 차지하는 건지도 모르겠다. 너란 책 속에 들어가 모험을 하며 돌아다니는 이상한 나라의 앨리스가 된 기분이야. 나의 일상과 너의 일상. 나에게는 특별한 너의 평범한 일상을 공유해줘서 고마워.

✈ 헤어지기 싫은 사람

　　당신을 만난 지는 벌써 한 달이 넘었다. 여행을 하며 소중한 인연을 만나도 나에게 주어진 시간이란 턱없이 부족해 항상 아쉬움을 남기고 헤어지곤 했다. 이 넓은 우주에서, 그것도 다른 나라에 사는 당신을 만난 건 신기하고도 특별한 일이었다. 왜 항상 사람은 만나고 헤어질까. 도대체 언제까지 만나고 헤어져야 할까. 정말 슬펐다. 새로 만난 사람들에게 정을 붙일 때는 떠나야 할 시간이 다가왔다는 신호다. 한국에서는 친구들을 항상 볼 수 있으니 헤어질 때 슬픈 감정을 느낄 틈이 없었는데 여행을 하면서 만난 소중한 사람들과 헤어지는 것은 마치 가슴을 도려내는 것과 같았다.

　　가끔 누구도 구제하지 못할 아득한 어둠이 나를 찾아올 때면 숨이 막히는 외로움 속에서 허우적댔다. 풀밭에서 두 팔을 벌리고 몇 번이고 빙글빙글 돌았다. 머리가 어지러울 즈음 중심을 잃고 잔디에 벌러덩 드러누웠다. 그러면 암흑 속에서 하늘은 나를 중심으로 요동치며 회전했다. 수많은 별들이 나를 둘러싸고 뱅글뱅글 돌았다. 모래알처럼 수많은 별들이 하늘에서 원을 이루며 끊임없이 헤엄쳤다. 가만히 누워 하늘을 바라보면 끝도 없이 펼쳐진 캄캄한 하늘에 수많은 별들과 은하수, 그리고 찬란한 별들 사이에서 긴 꼬리를 달은 별똥별이 우수수 쏟아지기 시작했다. 그렇게 가까워진 하늘을 마주하고 잔디밭에 누워 별똥별을 바라보며 소원을 빌었다. '별똥별을 또 보게 해주세요.' 욕심꾸러기인 나는 계속해서 별똥별을 보게 해달라고 소원을 빌었고 만족할 만큼 별똥별을 본 후에야 마지막 소원을 빌 수 있었다. 행복했던 이 순간을 잊지 말고 가슴속 깊이 기억하자고. 앞으로 남은 여정이 이 순간만큼 행복하길….

생각해보면 행복이란 뭔가 싶다. 숲속에서 몇 주간 지내며 내가 지금까지 꿈꿔왔던 미래를 다시 돌아보게 되었다. 내가 그려온 것들이 진정 의미가 있는 것일까. 여기서는 미래에 대한 아무런 걱정도 들지 않았다. 한국에서 친구들은 취업 준비를 한다며 바쁘게 스펙을 쌓고 있는데 당신은 증명서도 떼어주지 않는 스카우트캠프에서 아이들에게 당신의 재능을 기부하고 있었다. 나는 한없이 현실에 치여왔는데 당신에게는 이런 세상이 있어서 참 부러웠다. 난 내 인생이 행복하다 느껴본 적이 없었지만 요즘은 가만히 있어도 웃음이 터져 나왔다. 그래서 오래도록 살고 싶어졌다. 마음이 떨리고 따뜻해져서 활활 타올랐다.

그러나 이젠 또 당신을 떠나 어딘가를 떠돌아다녀야겠지. 당신이 여행자가 되면 내 마음을 이해할 수 있을까. 당신은 주변에 친구도 많고 누구와도 말이 잘 통했지만 나에게는 당신밖에 기댈 사람이 없었다. 당신으로 인해 알게 된 모든 인연들과 경험들이 그리워질 게 분명했다. 나도 당신처럼 슬로바키아에서 태어나 자연 속에서 자라고 자연의 감사함을 느끼고 싶었다. 사람들을 돕고 내 삶도 챙기는 여유로운 삶을 살고 싶었다. 당신과 더 오랫동안 같이 있고 싶었다. 점점 욕심이 많아졌다.

성격도 곧잘 맞고 배울 것도 많고 항상 활기 넘치는 그런 사람이 내 옆에 좋은 친구로 남았으면 좋겠는데, 우리는 또 이렇게 헤어진다. 우리 언젠가는 다시 볼 수 있을까. 세상은 생각보다 좁고 나는 세계를 다 돌 수 있을 거라는 자신감에 가득 차 있었는데 국적 차이로 친구와 헤어져야 하는 걸 보면 지구란 별이 넓긴 넓구나.

　내 마음에 다 품기에는 벅찰 정도로 큰 지구별이었다. 당신과 내가 같은 하늘을 보고 있어도 같은 하늘이 아닐 것이다. 난 지금 여행을 하는 중이고 당신은 이곳에 사는 사람이니까. 한국에서 내가 외국인을 만나고 헤어졌다고 그 사람이 날 그리워하는 만큼 나도 그 사람이 그리울까. 난 너무나도 외롭고, 매일 새로운 것을 마주치며 여행하는데도 가끔은 헤어짐에 지칠 때가 있다. 헤어짐이란 시간이 지나면 아무렇지도 않게 되는 걸까.

🗺️. 익숙한 존재

    프레셰보부터 뮌헨까지 장장 20시간이 걸려 새벽 4시가 돼서야 드디어 뮌헨에 도착했다. 피곤에 푹 절어 있는 상태였다. 나는 뮌헨에서 교환학기를 보내고 있는 대학동기 유진이네 집 문을 두들겼다.

    유진이는 뮌헨 올림픽 때 선수들이 살던 선수촌 기숙사에 살고 있었다. 복층 구조의 아담한 구조로 땅콩집이라고 불리기도 했다. 그녀는 늦은 새벽까지 잠도 자지 않고 나를 기다리고 있었다. 오랜만에 만난 그녀가 얼마나 반가웠는지, 만나자마자 부둥켜안았다. 거의 1년 만에 다시 만나는 거지만 마치 어제 만난 것처럼 익숙했다.

    난민캠프에서 일하는 동안에는 씻을 힘도 없었고 씻어도 씻는 것 같지가 않았다. 온종일 땅에 뒹구는 쓰레기를 주웠고 사방팔방 뛰어다니느라 머리끝부터 발끝까지 흙먼지를 뒤집어쓰고 있어야 했다. 쿵쿵. 가만히 있어도 몸에서 퀘퀘한 냄새가 풍겼다. 땅콩집에 들어가자마자 화장실로 바로 직행했다. 땅바닥에 색이 바랜 옷을 훌러덩 벗어놓고 샤워기의 물을 틀었다. 따뜻한 물로 하는 샤워는 정말 오래간만이었다. 그동안은 누울 수 있는 곳이라면 아무 데서나 자곤 했는데 뽀송뽀송한 새 옷을 입고 푹신한 침대에 누우니 더 바랄

게 없었다. 침대에 누워서 한국어로 서로의 근황을 나누고 있으니 마치 한국에 돌아온 것만 같았다. 한국에서 신수동에 살던 우리는 종종 만나 오복떡볶이를 먹고 조용한 카페에 가서 사소한 것부터 진지한 이야기를 하곤 했었다. 안온한 밤이었다. 늘 새로운 곳을 가고 새로운 사람을 만나는 것도 좋았지만 때로는 익숙한 것이 그리웠나 보다.

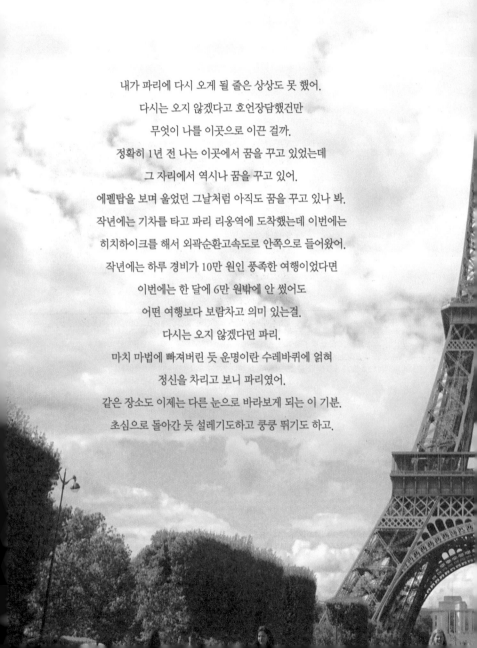

내가 파리에 다시 오게 될 줄은 상상도 못 했어.

다시는 오지 않겠다고 호언장담했건만

무엇이 나를 이곳으로 이끈 걸까.

정확히 1년 전 나는 이곳에서 꿈을 꾸고 있었는데

그 자리에서 역시나 꿈을 꾸고 있어.

에펠탑을 보며 울었던 그날처럼 아직도 꿈을 꾸고 있나 봐.

작년에는 기차를 타고 파리 리옹역에 도착했는데 이번에는

히치하이크를 해서 외곽순환고속도로 안쪽으로 들어왔어.

작년에는 하루 경비가 10만 원인 풍족한 여행이었다면

이번에는 한 달에 6만 원밖에 안 썼어도

어떤 여행보다 보람차고 의미 있는걸.

다시는 오지 않겠다던 파리.

마치 마법에 빠져버린 듯 운명이란 수레바퀴에 얽혀

정신을 차리고 보니 파리였어.

같은 장소도 이제는 다른 눈으로 바라보게 되는 이 기분.

초심으로 돌아간 듯 설레기도 하고 쿵쿵 뛰기도 하고.

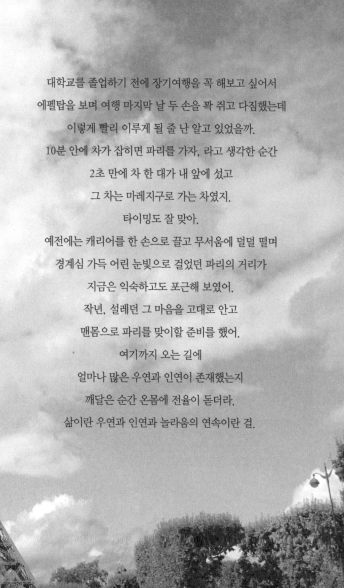

대학교를 졸업하기 전에 장기여행을 꼭 해보고 싶어서
에펠탑을 보며 여행 마지막 날 두 손을 꼭 쥐고 다짐했는데
이렇게 빨리 이루게 될 줄 난 알고 있었을까.
10분 안에 차가 잡히면 파리를 가자, 라고 생각한 순간
2초 만에 차 한 대가 내 앞에 섰고
그 차는 마레지구로 가는 차였지.
타이밍도 잘 맞아.
예전에는 캐리어를 한 손으로 끌고 무서움에 덜덜 떨며
경계심 가득 어린 눈빛으로 걸었던 파리의 거리가
지금은 익숙하고도 포근해 보였어.
작년, 설레던 그 마음을 고대로 안고
맨몸으로 파리를 맞이할 준비를 했어.
여기까지 오는 길에
얼마나 많은 우연과 인연이 존재했는지
깨달은 순간 온몸에 전율이 돋더라.
삶이란 우연과 인연과 놀라움의 연속이란 걸.

휴식과 여유가 넘치는 동남아 산책

대가족 포이네

싸와디카! 방콕의 호스트 포이가 알려준 대로 수완나품 공항에
서부터 지하철을 타고 삼센역에서 내렸다. 역사 밖으로 나온 뒤 그녀의 집을
찾아 길거리를 방황하던 나는 결국 포이에게 SOS를 보냈다. 내 연락을 받은
지 얼마 되지 않아 그녀는 흰 스쿠터와 함께 나를 데리러 왔다. 커다란 배낭
을 메고 있던 난 포이의 스쿠터 뒤에 올라탔고, 새하얀 스쿠터는 좁은 골목길
을 요리조리 잘도 빠져나갔다.

북적거리는 장터를 지나, 하천을 건너면 나오는 사랑스러운 포이네 집. 엄
마, 아빠, 쁜과 뿡이라는 아들 두 명에 포이, 쁘리야오, 푸이라는 딸 세 명, 심
지어 할머니, 할아버지까지. 다른 지역에서 대학교를 다니고 있는 쁜을 제외
하더라도 요즘 시대에는 보기 드문 여덟 명의 대가족이 한 집에 살고 있었다.
게다가 걸음으로 20초면 닿을 이웃집에는 포이네 친척들도 살고 있었다. 덕
분에 그녀의 집에서 지내는 동안 대가족이라는 가족 형태를 바로 옆에서 접
하게 되었다.

골목 끝에 위치한 아담한 크기의 단독주택. 방이 따로 없는 대신 16평 남
짓의 큰 거실에 온 가족이 옹기종기 모여 살고 있었다. 밤에는 가족들이 각자

이불을 거실에 들고 와서 한 공간에 다닥다닥 붙어서 잠을 잤다. 다소 좁았지만 누군가의 가족들 틈바구니에서 밤을 보내는 경험은 특별하고도 포근했다. 포이가 평생 자라온 추억이 이 공간에는 고스란히 담겨 있었다. 방바닥에 누워 눈을 감자 한동안 잊고 있던 오래전 기억이 떠올랐다. 내가 열 살이었을 무렵 난 부모님과 함께 단칸방에서 한 이불을 덮은 채 서로를 꼭 껴안고 자곤 했다. 그 시절의 아련한 추억 때문일까. 마음이 따뜻하게 데워지는 밤이었다.

화목하기로 소문난 포이네 집에서 지내고 있으니 매일 힘이 넘쳤다. 가정이 화목해야 모든 일이 잘되는 법! 아주머니와 아저씨는 외국인인 나를 친딸처럼 대해주셨다. 혼자였으면 외로웠을 여행이지만 가족들의 친절함 덕분에 정으로 가득 차게 되었다. 함께 식사도 하고, 티비도 보고, 주말이면 근교의 관광지를 둘러보는 즐거운 일상. 내심 부러웠다. 가족들이 서로서로를 얼마나 아끼고 사랑하던지…. 그럼에도 거실에서 대가족이 다 함께 생활하는 게 불편하지는 않을지 궁금했다.

"포이야, 네 방을 따로 갖고 싶지는 않니?"

"어릴 때는 물론 내 방을 갖고 싶었지. 그런데 지금은 오히려 가족이 한 방을 써서 더욱 돈독하고 화목한 관계를 유지할 수 있는 것 같아. 난 지금 생활에 만족해. 앞으로도 이렇게만 살고 싶어!"

그래. 네 말이 맞아. 가족은 인생에서 다른 어느 것보다도 중요한 존재니까. 지탱할 가족이 있다는 건 축복받은 일이야. 서로가 서로에게 큰 의지가 되어주는 가족. 포이네 가족은 겉으로 보이는 모습만큼이나 내면에서도 깊은 가족애가 느껴졌다.

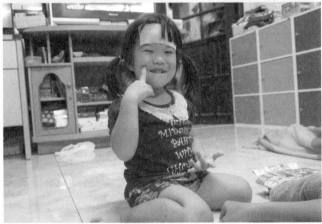

뿍삑? 독특한 태국식 이름

     우리는 거실에 누워 밤새 수다를 떨다 잠에 들었다. 난 까치집처럼 부스스한 머리를 한 채 할머니와 할아버지께 인사를 드리고 화장실에 들어갔다. 집에는 화장실이 하나였기에 아침이면 다들 나갈 준비를 하느라 북새통이었다. 샤워기가 따로 없어서 커다란 대야에 물을 받은 뒤, 손바닥만 한 바가지로 물을 퍼서 몸에 끼얹어야 했다. 샤워를 마치고 나가자 부지런한 포이는 이미 출근을 한 모양이었다.

  딱히 할 일이 없던 나는 포이의 여동생인 쁘리야오와 집 앞 장터에서 망고 밥과 팟타이를 아침으로 먹고, 그녀를 따라 대학교에 동행하기로 했다. 그녀가 다니는 대학교는 선착장에서 수상버스를 타고 강을 20분 남짓 가로질러 가야 나왔다. 그녀의 아버지가 우리를 스쿠터로 데려다주셨기에 편하게 선착장까지 올 수가 있었다. 비록 작은 스쿠터에 세 명이 타니 떨어질까 봐 무서워 그녀 뒤에 찰싹 붙어 있었지만 말이다.

  곧이어 우리는 선착장에 멈춰 선 수상버스에 올라탔다. 수상버스가 모터를 덜덜거리며 강 한가운데로 뛰어들자 온 도심이 한눈에 들어왔다. 안타깝게도 짜오프라야강은 뿌연 흙탕물이었지만…. 넘실거리는 물을 가르며 방콕의 이

국적인 풍경을 감상했다. 평범하게 지하철을 타고 등하교하던 내게는 수상버
스를 타고 통학한다는 게 신선하기만 했다. 지각이었던 우리는 수상버스에서
내리자마자 오토바이 택시를 잡아타고 학교까지 전력질주를 했다.

　가까스로 수업 시작 직전에 강의실에 도착했다. 그녀를 따라 들어가 빈자
리에 앉았고, 수업이 시작되었는데도 사람들의 호기심 어린 시선이 자꾸 느
껴졌다. 수업이 끝나자마자 학생들은 외국인이 신기한지 우르르 내 자리로
몰려와 말을 걸어왔다.

　　"한국에서 온 거야? 나 한국에 정말 가보고 싶었어!"
　　"같이 매점에 가지 않을래?"
　　"너 방탄소년단 알아? 태국에서 엄청 유명해! 나 한국 예능도 전부 챙겨
　　보고 있어."

그날 이후로도 학교에 찾아가다 보니 어느덧 나는 학교에서 유명인사가 되었다. 웬 괴짜 여행객이 대학교 강의를 들으러 왔다고 소문이 났다나. 다음 날도, 그 다음 날도 심심했던 나는 쁘리야오를 따라 몇 번이나 학교에 나왔다. 그러다 보니 교수님과 반 친구들도 슬슬 내 존재에 익숙해졌고, 현지인 친구들도 여러 명 사귀게 되었다.

그녀와의 학교생활은 몹시 즐거웠다. 수업도 흥미진진했고 반 친구들도 친절했는데, 안타깝게도 문제가 하나 있었다. 그건 바로 태국인들의 독특한 이름! 새로 사귄 친구들의 이름을 전부 외우는 건 많은 노력을 필요로 했다. 똥꾼, 뿍삑, 뷰, 라라마이, 사모아, 북, 깽 등 특이한 이름을 인사할 때마다 내뱉으려니 처음에는 머리카락이 다 빠질 것 같았지만, 신기하게도 나중에는 입

에 척척 달라붙더라.

점점 친해진 우리는 방과 후에 방콕의 번화가인 씨암에 가서 쇼핑을 하거나, 짜오프라야강 라마 8대교 밑에서 피크닉을 즐겼다. 동남아치곤 선선한 바람이 부는 강변에 돗자리를 펴고 앉아 태국식 샤브샤브를 먹었다.

'현지인들을 알지 못했더라면 혼자서는 찾아올 일이 없겠지. 분명 이런 장소가 존재하는지도 모르고 있었을 거야.'

관광지보다는 현지인들의 일상을 고스란히 느낄 수 있는 장소들이 더 매력적으로 다가왔던 내게, 친구들과 함께 보내는 시간은 더없이 소중하게 느껴졌다. 그들에게는 그저 평범한 일상일 뿐일지라도 나에게는 하나하나 특별한 순간들이었으니까.

엄마와 나의 생일 12월 15일

"우리 딸, 어디에 있든 행복하게 지내다가 와."

따뜻하게 날 안아주던 엄마의 모습이 머릿속에서 떠나질 않는다.

그날은 비가 몹시 많이 오던 날이었다. 엄마랑 카톡으로 이런저런 이야기를 하다 달력을 봤는데, 놀랍게도 음력으로 매번 챙기던 엄마의 생일과 내 양력생일이 같은 것이었다. 문득 사랑하는 엄마에게 잊지 못할 선물을 해주고 싶다는 생각이 들어 엄마를 위한 태국여행을 계획하게 되었다. 소중한 추억을 만들어 엄마가 두고두고 행복한 꿈을 꾸길 바랐다.

세계여행을 한다고 배낭을 짊어지고 무작정 떠나버린 딸을 그리워했을 엄마가 너무 보고 싶기도 했고, 엄마에게 여행의 즐거움도 알려주고 싶었다. 엄마를 위한 일대일 맞춤 가이드가 되고 싶었다. 직업상 해외여행은커녕 국내여행도 다니지 못하고, 생전 마사지 한번 못 받아본 엄마를 호강시켜드리고 싶어서 1일 2마사지도 일정에 넣고 고민하고 또 고민해서 호텔도 예약했다.

내 노트북은 엄마를 위한 일정표와 수정본으로 채워졌고, 혼자 있는 밤이 되면 블로그에 모녀여행을 검색하며 엄마와 손을 잡고 방콕을 돌아다니는 즐거운 상상을 했던 것 같다. 엄마에게도 첫 여행이지만 나도 엄마랑 단둘이 이렇게 며칠씩 여행하는 건 처음이라 약간은 서툴렀지만 정말 기대도 많이 되었다.

우리 부모님은 두 분 다 해외여행을 한 번도 못 하셨다. 안부를 전하느라 사진을 보내면서도 가끔은 혼자 여행하고 즐기는 이기적인 딸이 된 것 같은 기분에 죄송한 마음을 계속 가지고 있었다. 그래서 더욱 이번 기회에 여행을 준비하게 되었다. 여행을 할 때는 좀처럼 택시를 타지 않는데, 엄마가 왔을 때 바가지당하는 게 무서워 태국 친구들한테 택시 탈 때 유용한 태국어도 배워서 손에 적어놓고 다녔다.

하루 종일 짜뚜짝 시장을 걸어 다니고, 엄마랑 입을 커플 반지를 사고 있는데 핸드폰이 울렸다.

"엄마 지금 공항이야! 비행기가 있어!! 우와, 신기해. 엄마 곧 비행기 타."

비행기를 처음으로 가까이 봐서 설레하는 엄마가 너무 귀엽더라. 가슴도 두근두근 뛰고, 빨리 엄마가 보고 싶었다. 어느덧 저녁시간이 되었고, 새벽 1시에 방콕에 도착하는 엄마를 마중하러 공항철도를 타고 수완나품 공항에 갔다. 길거리에서 박스를 하나 주워 엄마 이름을 적은 귀여운 플래카드도 만들었다. 글씨가 잘 보이지 않을까 검은 마카로 몇 번이고 덧칠했다. 시간은 째깍째깍 흘러갔고 시계는 어느덧 2시 20분을 가리켰다. 분명 지금쯤이면 수화물도 찾았을 텐데 도대체 왜 안 나오는지, 걱정이 되기 시작했다. 혹시 입국심사 때 무슨 문제가 생긴 건 아닐까 하염없이 입국장에 서 있었다.

기다린 지 약 2시간쯤 지났을 무렵 저 멀리서 익숙한 캐리어를 들고 걸어오는 엄마를 보니 눈물이 핑 돌았다. 플래카드를 내던지고 달려가 포근한 엄마의 품에 안겼다. 비록 플래카드는 제대로 써보지도 못했지만 오랜만에 본 사랑스러운 엄마는 언제나와 같은 따뜻한 눈빛으로 날 바라보고 있었다.

엄마가 좋아할 만한 수상시장과 반딧불이 투어도 하고, 사원에 가서 향초와 꽃을 사 엄마의 두 손에 쥐여드리고, 젊음이 넘치는 짜뚜짝 그린 야시장에 가서 같이 맥주를 마시면서 라이브 공연도 보고, 발이 아플 때면 마사지도 받았다. 손잡고 돌아다니면서 길거리 음식도 먹고, 태국의 자랑거리인 화려하고 신비로운 왕궁과 정원, 박물관도 탐방하고, 후기가 좋던 실롬타이 쿠킹스쿨에서 태국 요리도 같이 만들어보고, 선상 레스토랑에서 맛있는 망고주스와 저녁도 먹고, 카오산로드에 앉아 마사지도 받고, 직원들과 가족들에게 나눠 줄 기념품도 사러 가고, 칼립쇼도 보러 갔다. 모든 게 엄마와 처음 함께하는 일이라 설렐 수밖에 없었다.

물론 낯선 곳에서 낯선 일들을 하면서 엄마와 즐겁고 행복한 일만 있었던 건 아니었지만, 그래도 유난히 하늘이 맑은 나날이었다. 도심 한가운데 룸피니 공원이 내려다보이는 인피니티풀에서 내 손을 꽉 잡고 열심히 물장구치며 헤엄치는 엄마를 보던 때, 새삼스러운 감회와 뿌듯함이 밀려왔다. 생일에 짜오쁘라야강이 내려다보이는 콘도에서 일어나 보니 엄마가 미역국을 끓이고 있었다. 미역국을 챙겨올 줄은 상상도 못 했는데 허겁지겁 먹느라 고맙다는 말도 제대로 못 한 것 같다.

엄마, 있잖아. 난 사실 조금은 두렵고 걱정도 됐거든? 엄마의 첫 여행은 완벽했으면 좋겠다는 바람에 스스로 큰 부담감을 갖고 있었나 봐. 계획했던 일정들이 조금씩 어긋나고, 하나씩 깨질 때마다 내 멘탈에도 금이 가기 시작했어. 엄마가 먹고 싶은 것, 보고 싶은 것 다 해주고 싶었는

데 엄마가 도심보다는 자연경관을 더 보고 싶어 할 거라는 생각을 못했
어. 준비를 많이 했는데, 엄마의 취향을 100퍼센트 반영하지 못한 결과
인지 우리의 사이도 조금은 삐그덕거리기 시작했지. 엄마에게 서운할
때도 있었고, 내 생각과는 다른 상황이 일어나니 나도 조금은 힘들어서
괜히 오기 부리기도 했어. 더 즐거운 여행을 만들어주지 못해서 미안
해, 엄마.

공항에 가는 동안도 티격태격했는데 체크인을 하고 엄마가 갈 때쯤 되자
눈물이 나오더라. 더 완벽했었으면 좋았겠고 더 즐거웠으면 좋았을 텐데 우
리 둘 다 첫 여행이라 많이 서툴렀나 봐. 보고 싶다. 사랑스러운 엄마. 출국심
사를 받으러 에스컬레이터를 올라가며 손을 흔드는 엄마의 뒷모습이 사라질
때까지 나도 같이 손을 흔들었다. 한 달 후면 볼 텐데, 주책스럽게 눈물은 자
꾸만 볼을 타고 흘러내렸다.

엄마, 날 믿고 와줘서 고마워. 정말 의미 있는 생일을 보낸 거 같아.
사랑해. 한국에서 곧 보자.

"우리 딸 어디에 있든 행복하게 지내. 이번 여행 정말 즐거웠어. 미경아, 일상으로 돌아가서 하고
싶은 거 하고 잘 지내. 엄마도 잘 지낼게. 방콕에서 보낸 일들이 가끔 생각날 거야. 정말 즐거웠어.
앞으론 신나는 생활을 해야지. 사랑해. 고마웠어."

📷. 바닷가마을 방센에서 젤리주스를 팔다

엄마와 헤어지고 난 다시 나의 일상으로 돌아왔다. 오랜만에 방콕으로 돌아와 50번 버스를 타고 포이네 가족을 만나러 갔다. 북적거리는 장터를 지나 하천을 건너면 나오는 사랑스러운 포이네 집. 할머니도 여전하셨고 할아버지, 아버지, 어머니, 다 변함없는 모습 그대로 거실에서 티비를 보고 계시다가 나를 반갑게 맞이해주셨다. 엄마와 보낸 시간은 고작 5일. 그 빈자리가 너무도 크게 느껴졌지만 다행히 포이네 가족들 사이에 파묻혀 지내다 보니 더 이상 외롭지는 않았다. 보고 싶었던 사람들과 엄마가 한국에서 가져다준 간식 보따리를 나눠 먹었다. 그날 나는 거실에 이불을 깔고 누워서 밤새 떠들다 달콤한 잠에 곯아떨어졌다.

포이네 아버지는 바닷가마을 방센의 먹자골목에서 젤리주스를 만들어 파는 일을 하셨다. 주말에 포이네 가족들과 다 같이 방센에 내려가 아버지를 돕자는 계획을 세웠다. 드디어 포이네 아버지에게 맛있는 젤리주스 만드는 법을 배울 수 있다니! 도무지 설레서 잠을 잘 수가 없잖아.

우리는 다음 날 차를 타고 2시간을 달려 어스름이 깔려올 즈음 방센에 도착했다. 낮의 열기가 가시고 저녁이 되자 먹자골목은 사람들로 북적거리기

달콤한 연유 두 스푼, 얼음 한 컵을 믹서에 넣고 갈아 플라스틱 컵에 따른다.
그 위에 검은 젤리 한 국자, 캐러멜 시럽 한 국자,
마지막으로 흑설탕 한 스푼을 올리면 젤리주스 완성!

시작했다. 우리는 분주하게 가게 문을 열고 장사할 준비를 했다. 재료를 꺼내
서 테이블 위에 올려두고 본격적으로 젤리주스를 만들기 시작했다.

작은 잔은 24바트, 큰 잔은 45바트였다. 생각보다 젤리주스를 만드는 일은
어렵지 않았고, 태국의 모든 음료 중 단연코 내가 제일 좋아하는 음료였기에
손님들에게 음료를 만들어줄 때마다 내가 다 마셔버리고 싶은 충동이 들었
다. 너무 맛있어 보이는데 어떡하지….

우리는 각자 할 일을 분업했다. 나는 포이가 얼음이 담긴 컵을 건네주면 검
은 젤리를 국자로 퍼서 컵에 담는 일을 맡았다. 부지런히 가족들을 도와주고
있던 그때, 훈훈한 외모의 남자가 갑자기 나타나 반갑게 인사를 해왔다. 포이
의 남동생 뿐이 친구들과 스쿠터를 타고 가게에 잠시 들른 모양이었다. 포이
에게 이야기는 많이 들었지만 실제로 그를 만나는 건 처음이었다. 왠지 신기
해서 눈만 꿈뻑꿈뻑, 깜빡이며 컵에 젤리를 담는 데 집중하고 있었다. 그러자

어머니가 젤리주스 일은 나중에 돕고 그와 야시장 구경이나 다녀오라며 등을 떠미셨다.

결국 난 한 손에 쥐고 있던 국자를 내려놓고 그의 스쿠터 뒷좌석에 올라탔다. 모두와 함께 야시장을 향해 스쿠터를 몰았다. 초면에 실례 좀 할게요!

밤공기가 시원했다. 바닷가 옆에 있는 야시장은 의외로 외국인들보다 현지인들이 더 많이 찾는 장소였다. 밤의 꽃이라 불리는 이곳에는 없는 물건이 없었다. 구경을 한창 하고 있는데 뿐과 친구들이 잠시 화장실을 다녀오겠다며 나를 버려두고 사라졌다.

'아니, 화장실을 간다 해놓고서 왜 이렇게 돌아오지를 않는 거야? 진짜 나를 버리고 간 건가.'

초조하게 기다리고 있는데 그들이 뭔가를 손에 잔뜩 들고 나타났다.

친구들은 생일 선물이라며 방센에서 가장 유명한 브라우니와 내 이름을 새긴 가죽 열쇠고리를 사왔다. 일주일이나 지난 생일을, 그것도 타지에서 누군가가 챙겨줄 거라고는 상상도 못 했는데. 감동이잖아, 이 녀석들아! 만난 지 하루도 안 된 친구들이었지만 축하를 해준다는 게 진심으로 고마웠다.

스쿠터는 야자수 나무가 줄지어 늘어선 해안도로를 따라 달렸다. 바람이 살랑살랑 불어오는 한적한 바닷가. 주차를 한 뒤 밤바다를 따라 걷는데 한쪽에서 폭죽놀이를 하는 사람들이 보였다. 아름다운 불꽃이 어둠 속에 화려하게 꽃을 피웠다. 밤바다의 물결과 하늘의 불꽃이 어우러져 탄성을 자아냈다.

그저 멍하니 바다를 응시하며 시간을 보내다 보니 어느덧 늦은 밤이 되었고 뿐과 나는 가족들을 마저 도우러 스쿠터를 타고 다시 먹자골목으로 돌아갔다. 그러고는 새벽 1시, 얼음이 다 떨어질 때까지 장사를 한 뒤 다 같이 젤리주스 가게 바닥에 둥글게 모여 앉아 길거리 노점에서 파는 국수를 야식으로 먹고는 가게 셔터를 내렸다.

"생일 축하해! 처음 만난 기념, 그리고 생일 선물로 샀어. 우리 모두의 선물이야."

대학교 기숙사에서의 생활

여행이 따분해질 때면 내 발걸음은 자연스럽게 대학교로 향했다. 캠퍼스 안에는 흥미로운 일들 천지였으니까! 도서관에 가서 밀렸던 글을 쓰기도 하고, 운동장에서 농구를 하는 대학생들을 물끄러미 바라보거나 교수님께 양해를 구하고 청강을 하기도 했다.

대학교를 방문하는 일은 태국에서도 예외는 아니었다. 도시마다 여러 대학교를 가봤지만 그중에서도 내가 가장 좋아하는 대학교는 치앙라이 근처의 매파루앙 대학교였다. 운 좋게도 대학교 기숙사에서까지 카우치서핑을 하게 되었다. 기숙사라기에는 호화로운 1인식 콘도였는데, 방이 넓은 데다가 수영장까지 딸려 있었다. 태국은 유난히도 더워서인지 혼자 관광지를 구경하러 쏘다니는 것보다 또래 대학생 친구들을 만나서 같이 놀러 다니는 게 훨씬 재밌었다. 호스트였던 나루몬은 가장 친한 친구라며 관광학과에 재학 중인 밀크를 소개해주었다. 이들을 졸졸 쫓아다니다 보면 하루가 훌쩍 지나갔다.

아침에 눈을 뜨면 나루몬과 스쿠터를 타고 학교에 가서 수업을 듣는 게 오전 일과의 전부였다. 태국의 대학교는 캠퍼스 곳곳에 열대 식물들이 심어져 있는 것을 제외하면 한국 대학교와 크게 다른 점은 없었다. 뭐, 대중교통 대

신 학교에 스쿠터 전용 주차장이 있을 정도로 대부분의 학생들이 스쿠터로 등하교를 한다는 건 무척 흥미로웠다. 한번은 밀크와 함께 수업을 들으러 가기로 했는데 늦잠을 자버렸다. 일어나 보니 그녀는 먼저 학교에 갔는지 침대에 나 혼자 덩그러니 남겨져 있었다. 지각이다! 싶어 부랴부랴 현관을 나섰지만 생각보다 학교는 멀었고 푹푹 찌는 동남아의 날씨 때문에 헉헉거리기 시작했다. 마침 교복을 입은 채 오토바이를 타고 등교하는 남학생이 보여 손을 흔들었다.

"너 지금 학교 가는 길이지? 나도 너네 학교에 가야 하는데 혹시 태워줄 수 있니?"
"태워줄게. 어느 과 건물에 가는데?"

나는 그의 오토바이에 몸을 맡긴 채 6km를 달렸다. 떨어질까 봐 무섭기도 했지만 빠른 속도로 주행하는 건 아찔하고도 스릴 넘쳤다. 학교 정문을 지나, 빽빽한 나무들이 무성한 숲을 지나, 맑은 호수와 청초한 꽃들이 만개한 정원을 지나 관광학과 건물에 도착할 수 있었다.

태국은 관광업이 주력인 나라다. 그래서 관광서비스학은 경영학이나 공대 못지않게 인기가 많은 전공이었다. 관광학과라 그런지 학생들은 서비스와 관광업에 대해 심도 있게 배웠고 대부분의 강의는 영어로 개설되었다. 크루즈 전문 여행사 대표님의 취업 관련 세미나를 들은 적이 있었는데, 어찌나 재밌던지 시간 가는 줄 모르고 필기까지 해가며 열심히 들었다.

별거 안 했지만 매일이 즐거웠다. 방과 후에는 같은 수업을 듣는 친구들과 학생회관에서 학식을 먹었고 도서관에 가서 과제를 도와주기도 했다. 과제가 없는 날은 시내로 향했다. 저녁을 먹으러 가거나 밀크가 일하는 카페에 가서 보드게임을 했는데, 매주 목요일 밤 7시면 여러 국적의 사람들이 한 자리에 모여 보드게임을 하느라 정신이 없었다. 해가 완전 기운 뒤에야 우리는 기숙사로 돌아갔고 야외 수영장에서 수영을 하며 여름밤의 더위를 식혔다. 수영을 하고 샤워를 마친 후 방에 들어가 나루몬과 채널 3에서 하는 태국 드라마를 보다 잠들었다.

태국에서 지내며 또래 대학생들에게 어찌나 따뜻한 보살핌을 받았는지, 교환학기를 태국에서 보내고 싶을 정도였다. 한번쯤 이곳에서 제대로 된 대학생활을 해볼 수 있다면 정말 좋으련만.

젊을 때 사서 고생하는 거야

🚃 무대뽀 여행 계획

       중학생 때 틈만 나면 만화책과 일본드라마를 보곤 했던 내게 일본은 꼭 한번 가보고 싶었던 나라였다. 일본 사람들이 코타츠에 모여 앉아 오손도손 수다를 떨거나 오코노미야키 만드는 장면을 볼 때면 스크린을 뚫고 그들 사이로 비집고 들어가고 싶었다. 퇴근 후 집에 돌아온 주인공들과 함께 일본식 마루인 다다미에 앉아 시원하게 맥주 한 캔을 들이켜는 상상. 솜이불을 뒤집어쓴 채 손이 노래지도록 귤을 까먹으면서 만화책을 펼쳐놓고 마음속 어딘가에 일본에서의 유쾌한 생활을 그려보곤 했다.

  하지만 일본은 물가가 비싸서 갈 엄두도 못 내고 있었다. 그렇지만 1년간의 여행으로 내공을 탄탄히 쌓은 지금이라면 일본에서도 무전여행을 할 수 있을 것만 같았다. 곧바로 방콕에서 오사카로 향하는 비행기 표를 사버렸다.

    '무전여행이라니…. 뭐, 식당에서 한 끼의 식사와 설거지 몇 시간을 바꾸면 되려나?'

  히치하이크를 하며 일본어도 배우고, 현지인들의 집에서 지내는 소소한 일상이 머릿속에 둥실둥실 떠올랐다. 일본에서의 무전여행은 내 여행의 마지막 도전이 되었다.

처음 계획은 무전여행의 취지와 소개를 담은 글을 영어, 일본어, 한국어로 프린트해서 들고 다니며 현지인들에게 도움을 구하는 것이었다. 페이스북에도 올려보는 것이 어떠냐는 일본인 친구들의 의견에 글을 올렸더니 운 좋게도 일본에 살고 있는 지인들에게 많은 연락이 왔다. 자기가 사는 도시에 놀러 온다면 재워줄 수 있으니 언제든 주저 말고 연락하라는 고마운 메시지였다. 든든한 아군이 생긴 것 같았다. 자신만만하게 너덜거리는 잔고를 끌어안고 마지막 여행을 떠날 준비를 했다. 돈므앙 공항에서 이제는 익숙해진 체크인을 하고 오사카행 비행기에 몸을 실었다. 설레는 마음도 반, 정말 마지막이라는 아쉬운 마음도 반이었다.

"승빈아. 너 겨울방학에 할 거 없으면 나랑 일본여행 가지 않을래?"
"안 돼. 나 돈 없단 말이야."
"괜찮아. 비행기 티켓이랑 비상금만 들고 와. 내가 캐리해줄게."
"그럼 오사카에서 만나자. 비행기 표가 없어서 하루 늦게 도착할 것 같아!"

아무리 내가 큰소리를 쳤어도 그렇지 내 친구 승빈이는 딸랑 만 엔도 채 되지 않는 돈을 환전해서 왔다. 에라, 모르겠다. 그래, 한번 해보자. 돈이 없으면 길거리에서 두피마사지라도 해서 돈을 벌지, 뭐. 두 명인데 뭔가 답이 나오지 않을까.

"근데 우리 언제 한국으로 돌아가?"

"그러게…. 일단 일본 가는 표만 사자. 돈 떨어지면 그때 한국으로 돌아가지, 뭐. 아, 그리고! 스케치북이랑 마카 좀 챙겨 와줘라."
"그래! 나 해외여행은 처음이라 너무 떨려!!!"

불쌍한 내 친구는 이때만 해도 몰랐었다. 희대의 궁상 앤드 개고생이 시작되리라는 것을.

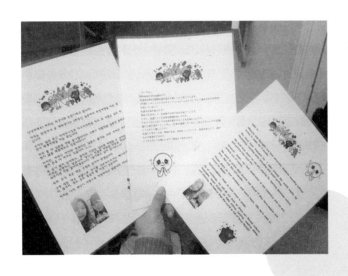

🎈 코타츠의 로망

무더웠던 30도의 방콕에서 서늘한 5도의 오사카에 도착했다. 다른 장소, 다른 온도. 간사이 공항 밖을 나가자 날카로운 바람이 차가운 겨울의 향기를 싣고 왔다. 막 헐벗은 나무의 냄새가 코끝을 맴돌았고 서늘한 바람이 얼굴을 스치며 볼을 벌겋게 만들었다. 1년 만에 맞이하는 겨울은 무척 반가웠다. 이제 거의 집으로 돌아왔나 봐.

무전여행의 첫날, 다행히도 잘 곳은 있었다. 태국 치앙마이에서 며칠간 같이 여행을 했던 아이코가 자기 집에서 자라며 초대를 해준 것이다. 히치하이크를 하기에는 밖이 너무 어두워서 공항철도를 타기로 했다. 공항을 빠져나와 발견한 출금기에서 통장에 남아 있는 돈을 전부 뽑아버렸다. 0원이 찍힌 잔고를 보니 여행의 끝자락에 서 있다는 게 실감이 났다. 한국으로 돌아가는 비행기값을 제외하면 딱 2만 엔 정도가 남았다. 승강장을 내려가 공항철도를 탔다. 창문 밖으로 오사카의 주택가가 스쳐 지나갔다.

'일본의 집들은 이런 느낌이구나⋯. 일본의 밤 골목이 이렇게나 고즈넉했다니.'

골목 어딘가에서 천방지축 짱구와 흰둥이가 튀어나올 것 같았다. 기차는 제법 어둑해진 도시를 묵묵히 가로질렀다. 멍하니 창밖을 바라보며 사색에 잠겼다가 환승역을 알리는 안내방송에 퍼뜩 정신을 차렸다.

지하철에서 내려 환승을 하려는데 일본 지하철은 무지 복잡했다. 한참을 헤매고 나서야 겨우 다른 노선으로 갈아탈 수 있었다. 벌써부터 기운이 빠지는 듯했다. 가만히 안내방송에 집중을 하고 있다가 벤텐초역이 나오자 잽싸게 지하철에서 내렸다. 고개를 두리번거리며 장소를 재차 확인하고 역에서 나와 아이코가 보내준 지도를 따라 걸었다. 약도에 나온 스포츠센터에 도착해서 아이코에게 전화를 걸었다.

"아이코!!! 나 도착했어! 너네 집 근처 스포츠센터야."
"꺅!!! 조금만 기다려. 바로 데리러 나갈게."

서늘한 밤공기를 마시며 그녀를 기다렸지만 춥기는커녕 오랜만에 맞는 차가운 바람에 기분은 오히려 좋아졌다. 몇 분 후 나는 그녀를 만났고 오랜만에 만나는 그녀와 신나서 수다를 떨며 걸어갔다. 아이코는 셰어하우스에 살고 있었는데, 코너를 지나 조금 걷다 보니 은은한 조명이 켜져 있는 아이코네 집이 보였다. 드르륵. 현관을 열고 들어가니 일본드라마에서나 보았던 익숙한 풍경이 펼쳐져 있었다. 셰어하우스 사람들은 한창 코타츠에 모여 앉아 타코야키 파티에 한창이었다. 쿵쿵, 갓 구운 문어빵 냄새.

복도에서 멀뚱멀뚱 서 있자니 같이 만들자며 나를 반갑게 맞이해주었다. 아이코가 미리 말을 해놨는지 다들 내 이름을 알고 있었다. 나는 이들을 비집고 들어가 코타츠에 발을 넣었다.

'이게 꿈이야 생시야!? 내가 코타츠에 앉아보다니!!'

따끈따끈한 코타츠, 따스한 사람들. 셰어하우스의 온기가 얼어붙은 몸을 녹였다. 무척 들뜬 나와는 달리, 다들 배가 고픈지 문어빵을 굽느라 정신이 없었다. 제대로 통성명을 하기도 전에 나는 타코야키 파티에 초대되어버렸다. 아이코는 문어빵을 만들어보라며 나에게 타코야키 반죽과 속재료를 건넸다. 얼떨결에 소매를 걷어 올리고 문어빵틀에 반죽과 커다란 문어를 넣었다.

'이거 엄청 재밌잖아!? 나 꽤 잘 하는 거 같은데!!'

쉴 새 없이 굽다 보니 백 개도 넘게 구워버렸다. 외국인이 타코야키 장인처럼 열심히 문어빵을 만드는 모습이 웃긴지 사람들은 무척 흡족한 표정으로 웃었다. 우리는 치즈와 거대 문어를 넣은 타코야키를 실컷 먹었다. 이제 다들 어느 정도 배가 찼는지 젓가락을 내려놓고 대화를 나누기 시작했다.

영어를 못하는 사람들도 있어서 일본어로 더듬더듬 말을 했는데 전부 귀를

'와…. 집에서 타코야키를 만들고 있다니….'

쫑긋 세우고 내 말을 주의 깊게 들어주었다. 야매 일본어가 통한다는 사실에 그동안 방에 콕 처박혀서 일본드라마와 애니메이션으로 일본어를 배웠던 시간들이 고마울 지경이었다. 나는 사람들과 밤새 굽고, 마시고, 즐거운 이야기를 나누며 오랜만에 포근한 밤을 보냈다.

'그나저나 내일 승빈이는 잘 찾아올 수 있을까. 길치인데…. 잘 오겠지, 뭐.'

침대 위에서 승빈이 걱정을 몇 초간 하다가 잠에 곯아떨어졌다. 다음 날, 1년 만에 만난 승빈이는 여전했다. 그녀는 겨울옷 몇 벌이 담긴 작은 가방 하나를 멘 채 벤텐초역에 서 있었다.

"지지배야, 똑같네!!! 변한 게 없네!!"
"미경아! 넌 왜 이렇게 새까매졌니??"

다시 만난 우리는 감격의 재회를 하며 방방 뛰었다.

눈물의 주먹밥

오사카에서 며칠간 신세를 지다 보니 조금 눈치가 보이기 시작했다. 그래서 날이 밝으면 바로 히치하이크를 해서 교토에 가려고 했다. 아침 알람 소리를 끄고 짐을 챙겨서 1층 거실로 내려왔다. 거실로 내려오자 테이블 위에는 웬 종이봉투 두 개가 놓여 있었다. 누런색의 종이봉투에는 한글이 적혀 있었는데 가까이 가서 보니 '좋은 여행 되세요'라 써져 있었다. 봉투를 열자 세 가지 맛의 오니기리가 들어 있었다. 설마 떠나는 우리를 위해서 아이코가 만든 걸까…. 감동의 눈길로 아이코를 쳐다보자 서랍장을 뒤적이던 그녀는 별일 아니라는 듯 어깨를 으쓱하며 웃었다. 아침 일찍부터 일어나 만든 가다랑어, 참치마요, 연어 주먹밥. 정성이 고스란히 느껴져 눈시울이 붉어졌다.

고맙다는 인사를 한 뒤 떠나려고 가방을 어깨에 멨다. 그때 문어빵을 굽다가 친해진 키리가 위층에서 헐레벌떡 뛰어 내려오더니 내 옆구리를 쿡쿡 찔러대며 장난스러운 표정을 지었다. 그는 교토는 내일로 미루고 셰어하우스 사람들이랑 다 같이 아이스 스케이트장에 가자며 우리를 꼬드겼다.

'아니 이 사람들은 진작 말해줄 것이지, 어젯밤에는 아무 말도 없다가

왜 아침부터 충동적으로 간다고 이러는 걸까. 아이코가 기껏 주먹밥도
만들어줬는데.'

주먹밥이냐, 아이스 스케이트장이냐. 둘 중 하나를 선택하기 위해 골똘히
고민하고 있자 아이코가 같이 가면 재밌을 거라며 옆에서 부추겼다.

"키리 말대로 하루 더 있다가 가. 주먹밥은 놀이공원에 들고 가면 되지.
가자!"

결국 소중한 주먹밥을 가방에 넣고는 열한 명이서 기차를 타고 소풍을 떠
났다. 시끌벅적 떠들며 길을 걷고 있으니 잠시 머물다가 떠나야 하는 우리도
지금 이 순간만큼은 셰어하우스의 일원이 된 것 같았다. 놀이공원에 도착한
우리는 스케이트와 눈썰매를 신나게 탔다. 하늘이 어스름해질 무렵 우르르
놀이공원을 빠져나와 마트에서 장을 본 뒤 집에 돌아왔다.

누가 먼저랄 것도 없이 겉옷을 방에 던져두고는 거실로 내려와 코타츠에
발을 넣었다. 휴대용 가스레인지 위에 커다란 냄비를 올려 보글보글 나베를
끓였다. 웃음이 넘치는 저녁식탁이었다. 사방에서 들려오는 일본어, 따끈따끈
한 코타츠의 온기, 맛있는 일본 가정식, 셰어하우스의 가족 같은 포근한 분위
기가 내 마음 한편에 스며들었다.

내일이면 정말 교토로 떠나야 하겠지만 다시 돌아오는 날까지 함께한 추억
들을 마음속에 꼭 안고 있어야지.

🥥 무전여행의 실패

다음 날이 밝았다. 아이코와 아침으로 따뜻한 밥에 낫또와 계란 노른자를 얹어 먹었다. 분명 어릴 적에는 퀘퀘한 냄새가 난다며 거들떠보지도 않았는데 언제부턴가 낫또만 있어도 맨밥을 맛있게 먹을 수 있게 되었다. 설거지를 한 뒤 셰어하우스 친구들에게 인사를 하고 찬바람이 부는 거리로 나왔다. 고작 일주일간 지낸 집인데 벌써 정이 들었는지 발걸음이 무거웠다. 심지어 뭔가 두고 가는 것 같았지만 기분 탓이려니 하고 멈췄던 걸음을 다시 옮겼다.

어젯밤 키리가 집 근처에 히치하이크를 할 만한 곳이 있다며 알려주었다. 집에서 한 골목만 걸어가면 나오는 큰 도로였다. 이 도로는 교토로 향하는 고속도로까지 바로 연결되어 있었다. 날씨가 꽤 춥길래 주머니에서 장갑을 꺼내려는데 장갑 한 짝이 사라져 있었다. 설마 뭔가 까먹은 것 같다던 게 장갑이었나. 그 순간 자전거를 타고 내 이름을 애타게 부르는 키리가 보였다. 자세히 보니 그는 한 손에 장갑을 들고 있었다. 코타츠에서 책을 읽다가 거실 구석에 떨어져 있던 장갑 한 짝이 보여 바로 자전거를 타고 길거리로 나를 찾아 나선 것이다. 키리는 정말이지 따뜻한 사람이었다. 다시 한 번 고맙다는 인사를 하고 도로를 향해 걸었다.

제법 쌀쌀했지만 히치하이크를 하기에는 안성맞춤인 날씨였다. 친한 친구와 일본에서 처음 하는 히치하이크라 제법 떨렸다. 앞으로는 정말 무계획이었다. 비록 이제는 머물 곳도, 현지 사정을 잘 알고 있는 친구도 없었지만 승빈이랑 함께라는 이유만으로도 왠지 든든했다. 우리는 도로 바로 옆 도보에 자리를 잡았다. '교토(京都)' 글자가 크게 적힌 스케치북을 들고 차가 오는 방향으로 몸을 틀었다. 교대로 한 명은 스케치북을 들고 다른 한 명은 팔을 앞으로 뻗어 엄지손가락을 들고 있었다. 20분쯤 지나자 차가 한 대 멈춰 섰다. 하지만 차에는 남자가 다섯 명이나 타고 있었고 별로 좋은 분위기는 아닌 것 같아 야매 일본어로 공손하게 거절하고 원래 포지션으로 돌아왔다.

얼마 지나지 않아 우락부락하게 생긴 아저씨가 우리 앞에 차를 멈춰 세웠다. 아저씨는 창문을 열더니 일본어로 말을 거셨다. 셰어하우스에서 지낸 며칠 사이 귀가 트였는지 아저씨가 하시는 말씀을 어느 정도 알아들을 수 있었다. 나는 드라마에서나 봤던 대사를 떠올리며 주절주절 읊조렸다.

"지금 어디에 가시는 중이세요?"
"아라시야마에 가는 중이야."
"아라시야마라면 교토 쪽이죠? 저희도 교토에 가려고 하는데 괜찮으시
다면 가는 길에 내려주실 수 있으신가요?"

아저씨는 시크하다 못해 얼음장 같은 무뚝뚝함이 묻어나는 말투로 타라고 대답하셨다. 하지만 차 안에서 대화를 나누다 보니 그는 내면이 따뜻한 사람이라는 걸 알 수 있었다. 아저씨는 출근 중이셨는데, 피곤하신지 우리를 차에 놔두고 편의점에 커피를 사러 가셨다. 차에 그대로 꽂혀 있는 차 키를 보며

우리는 어안이 벙벙해졌다. 대체 우리를 어떻게 믿고 차 키를 놔두고 가신 거지. 그는 편의점에서 돌아와 다시 시동을 걸었고 차는 어느새 교토 방면 고속도로의 톨게이트를 통과하고 있었다.

아저씨는 교토여행의 필수코스라는 청수사 앞 사거리에 우리를 내려주셨다. 아저씨에게 인사를 드리고 우리는 서둘러 가파른 언덕 위에 있는 청수사에 올라갔다. 꽤 이른 아침이었는데도 청수사까지 가는 길은 관광객들로 붐볐다. 그중에는 기모노에 어여쁜 샌들을 신은 사람들도 있었다. 우리도 예산이 충분했다면 기모노를 빌렸을 텐데…. 꽃단장을 한 사람들을 부러운 눈으로 쳐다보며 아쉬운 듯 입맛을 다셨다. 붉은 처마의 청수사를 돌아다니며 감탄하고 있을 때 코에서 뭔가 진득한 게 흘러나왔다.

"어!? 너 코피 나."

"이게 뭔 일이라냐. 잠도 잘 잤는데."

청수사와 같은 붉은 색의 액체가 코에서 흘러나오고 있었다. 다들 신사에 오면 소원을 빈다던데, 나는 코피가 한동안 멈추지 않은 탓에 오두방정을 떨며 양쪽 콧구멍에는 휴지를 꽂고 '제발 코피가 그치게 해주세요. 그리고 오늘 잘 곳이 생기게 해주세요!'라는 소원을 빌어야 했다.

청수사를 벗어날 즈음에야 코피가 멈췄다. 우리는 교토의 시내 기온으로 발걸음을 옮겼다. 오사카 시내와 달리 교토의 거리에는 일본 특유의 예스러운 정취가 고스란히 묻어났다. 한적한 골목에는 전통 가옥들과 신사가 즐비해 있었다. 해가 지면서 하늘은 어둑어둑해졌다. 우리는 무전여행 설명서를 가방에서 꺼내 들며 히죽 웃었다. 오늘은 잘 곳이 없었지만 왠지 이것만 잘 사용한다면 잘 곳을 쉽게 구할 수 있을 것 같았다.

설명서를 한 장씩 나눠 들고 주택가를 구석구석 돌아다녔다. 하지만 밤이 되자 생각 외로 거리에 걸어 다니는 사람이 거의 없었다. 재워줄 수 있냐고 물어보고 싶어도 물어볼 사람이 없었던 것이다. 슈퍼마켓, 작은 상점, 식당에 들어가 도움을 구해봤지만 죄다 퇴짜를 맞았다.

'어? 이럼 안 되는데.'

4시간째 가방을 메고 주택가를 지나 또 다른 주택가가 나올 때까지 무작정 걸었다. 처음에는 넘쳐흐르던 자신감과 체력도 바닥나버렸다. 그때 마침 마당에서 농구 연습을 하는 소년이 보였다. 마지막이라는 생각에 그에게 다가가 조심스레 말을 걸었다. 그는 어머니를 불러오겠다며 후다닥 집으로 뛰어

들어갔고, 곧이어 인자한 인상의 부인이 소년과 함께 나왔다. 잘 곳이 없으니 하룻밤만 재워주시면 안되겠냐는 뻔뻔한 부탁을 드렸다. 그녀는 남편에게 물어보겠다며 집에 들어갔다 나왔지만 역시 대답은 'NO'였다.

낮이 뜨거워져 길가로 나가려는데 부인은 추운 날씨에 감기 조심하라며 핫팩과 초콜릿을 두 손에 꼭 쥐여주셨다. 순간 그녀가 천사로 보였다. 생각했던 것 이상으로 일본에서의 무전여행은 힘들었다. 그러나 주택가를 헤매다 받은 초콜릿을 꺼내 볼 때마다 마음이 따뜻하게 녹았다. 비록 돈도 없고, 잘 곳도 없었지만 누군가에게 여행을 응원받는다는 건 늘 마음을 풍요롭게 만들었다.

설상가상으로 비까지 내리기 시작했고, 우리는 마지막 희망인 기차역으로 발걸음을 돌렸다. 결국 차가운 교토역 땅바닥에 모아온 전단지를 깔고 침낭을 한 겹 덮어 노숙을 했다. 바닥에서 올라오는 냉기와 딱딱한 바닥에 몸은 춥고 불편했지만 여행이 곧 끝날 거라고 생각하니 사서 고생하는 것도 마냥 즐겁기만 했다. 하지만 집 나오면 고생이라는 말이 괜히 있는 게 아니라는 걸 이내 깨달았다.

교토에서의 양배추 나베

바닥에 깐 전단지는 땅에서 올라오는 한기를 막는 데 아무런 도움도 되지 않았다. 코트로 몸을 꽁꽁 싸매고 오리털 침낭을 덮었음에도 차가운 바닥의 온도가 고스란히 등을 타고 전해져왔다. 어젯밤에는 너무 힘들어서 나도 모르는 새 눈이 감겼지만 밀려오는 추위를 견딜 수가 없었던지 새벽 5시에 저절로 눈이 떠졌다. 알고 보니 기차역에서 자는 사람은 생각보다 많았다. 아침 일찍 눈을 떠 주위를 돌아보니 노숙자뿐만 아니라, 멀끔하게 양복을 갖춰 입은 세일즈맨들도 첫 차를 타야 하는지 서류가방과 기내용 캐리어를 발밑에 내려둔 채 돗자리 위에서 편안한 자세를 찾아 자고 있었다.

엉덩이를 탈탈 털고 일어나 기차역을 나왔다. 한겨울의 기차역에서 노숙을 해보니 더 이상 걱정될 것도 없었다. 정말 이젠 이 여행이 어떻게 흘러가든 상관없었다. 그저 친구와 함께 특별한 추억을 쌓아가는 것만으로도 만족스러웠다. 힘들지만 청춘이라면 하나쯤 갖고 있을 법한, 절대 잊을 수 없는 그런 추억 말이다.

아침에 교토역을 나온 우리는 어제 시간이 없어 들르지 못한 후시미 이나리 신사를 보러 가기로 했다. 산 전체가 신사라고 해도 과언이 아닌 이곳에는

산 입구부터 정상까지 귀여운 여우상들과 2천 개가 넘는 다홍색 기둥들이 빼곡히 늘어서 있었다. 느긋하게 신사 구경을 마친 후 산을 내려오는데 태국에서 만났던 일본인 친구 유키로부터 메시지가 와 있었다. 교토에 살고 있는 유키는 오늘 친구들과 여자친구네 집에서 하우스파티를 하기로 했다며 시간이 되면 놀러 오라고 했다. 우리는 일단 2시간 뒤에 시조오미야역 앞 다이소에서 만나기로 약속을 했다.

역에서 모인 우리는 한 골목만 꺾으면 나오는 빌라에 들어갔다. 현관을 열고 들어가자 맛있는 냄새가 코를 간지럽혔다. 유키의 여자친구 아이가 양배추와 고기를 잔뜩 넣은 나베를 끓이는 중이었다. 유키와 아이는 잘 어울리는 커플이었다. 우리는 코타츠에 모여 앉아 아이가 직접 끓인 나베에 쑥떡 같던 '오묘기 모찌'를 넣어 먹었다. 쫀득거리는 찹쌀이 국물에 풀어져서 어찌나 맛있던지. 유키 커플의 친구들과 함께 늦은 밤까지 도란도란 수다를 떨며 맥주잔을 기울였다. 두 달 만에 만나는 유키는 마치 어제 만난 것처럼 편했다. 여행을 하다 잠시 스친 인연이 시간에 걸쳐 다시 이어진다는 건 언제나 특별했다.

그나저나 밥을 먹는 데 정신이 팔려 잘 곳을 마련하는 걸 깜빡 잊고 있었다. 자초지종을 설명하니 마침 옆에 앉아 음료수를 홀짝대고 있던 나고야 출신 칸타가 하루쯤은 재워줄 수 있다기에 얼떨결에 해가 뜨기 전 나고야로 출발하게 되었다. 집을 나서며 답례로 유키 커플에게 손편지와 태국에서 산 스카프를 선물로 주었다. 그리고 칸타와 우리는 교토에서 131km로 약 2시간 떨어져 있는 나고야까지 새벽을 가로질러 갔다. 그의 집에 도착한 우리는 칸타가 빌려준 극세사 이불을 덮은 채 꿈나라에 푹 빠져들었다.

"나 일하러 갈게. 열쇠 갖고 있다가 나갈 때 문 잠그고 열쇠는 우체통에 넣고 가."

누가 업어 가도 모를 정도로 쿨쿨 자고 있는데 양복을 쫙 빼입은 칸타가 날 깨웠다. 피곤할 테니 더 자라며 그는 내 손에 열쇠를 쥐여주었다. 비몽사몽한 채로 그를 배웅한 뒤 다시 이불 속에 들어가 해가 중천에 뜰 때까지 잤다. 일어나서 샤워도 말끔히 하고 청소기를 돌린 뒤 칸타네 집을 나섰다. 엇, 그러고 보니 어제 여우 신사에서 빌었던 잘 곳이 생기게 해달라는 소원이 이루어졌잖아!

✈ 류이치의 요리교실

　어째 이번 일본 여행은 예상대로 흘러가는 게 하나도 없었다.

　얼떨결에 나고야에 오게 된 우리는 운 좋게도 동갑내기 카우치서핑 호스트를 찾았다. 집주인인 류이치는 의대생이었다. 이야기를 하다가 알게 된 그의 가족은 부모님 두 분 모두 의사이신 데다가 누나는 간호사인, 그야말로 의료인 집안이었다. 게다가 류이치는 배낭여행도 무척 좋아해서 텐트와 배낭만 들고 나고야부터 최북단 홋카이도까지 3주간 무전여행을 다녀왔다고 했다. 그래서 그런지 류이치와는 유난히 말이 잘 통했다. 마치 친한 친구와 이야기를 나누는 것 같았다.

　류이치와 점심을 간단하게 먹고 시내로 나왔다. 번화가에는 옷가게와 일본의 도박 게임장인 빠칭코가 빽빽하게 늘어서 있었다. 거리를 돌아다니다 무심코 들어간 게임센터에서 인형뽑기도 해봤지만 세 번이나 실패했다. 역시 한국에서도 못하는 인형뽑기를 일본에 왔다고 잘할 리가 없었다. 한참을 걷던 중 거리가 어두워지기 시작하자 우리는 저녁을 직접 요리하기로 했다. 마트에 가서 교자와 오코노미야키를 만들 재료들을 샀다. 양손에 장바구니를 들고 신난 발걸음으로 류이치네 집에 들어갔다.

'와…. 혼자 사는 집이 이렇게 좋다니.'

그의 집은 큰 거실에 방 하나였는데, 부엌에는 깔끔한 아일랜드 식탁이 있었다. 거실에는 해먹과 코타츠도 있었다. 내가 이런 집에 살았더라면 분명 집순이가 되었겠지.

집에 들어오자마자 손을 씻고 교자를 만들 재료를 꺼내놓았다. 요리마스터 자취생 류이치는 교자 속을 반죽했고, 나는 야채를 씻고 고기를 잘게 다졌다. 승빈이는 코타츠 위를 깨끗하게 치운 뒤 오코노미야키 판을 달궜다. 대충 준비가 끝나자 코타츠에 모여 앉아 교자피에 교자 소를 채우기 시작했다. 판 위에 예쁘게 빚은 교자를 올리자 노릇노릇 먹음직스럽게 구워졌다. 어느 정도 교자를 완성한 우리는 류이치네 아버지가 직접 전수해주신 레시피로 히로시마식 오코노미야키를 만들어보기로 했다.

"근데 계란 아직 안 익었는데….."
"괜찮아. 뒤집어. 뒤집어."
"악!!! 망했다!!!"

양손에 뒤집개를 쥐고 재빠르게 오코노미야키를 뒤집었는데 숙주나물이 사방으로 날아갔다. 승빈이의 말을 빌리자면 야채가 싫다고 뱉어버리는 오코노미야키란다. 비록 모양새는 조금 이상했지만 맛은 기가 막혔다. 역시, 요리왕 류이치 최고!

도쿄까지 가는 길

"일본여행은 처음이라며. 왜 도쿄에는 안 가는 거야?"

"그야 물론 나도 가고 싶긴 하지만 멀기도 하고 무엇보다 잘 곳이 없어서 그렇지. 도쿄는 숙박비가 비싸니까."

사실 나도 도쿄를 못 보고 가는 건 아쉽다고 생각하던 찰나였다. 류이치는 고개를 갸우뚱하더니 어디론가 전화를 걸었다. 그는 전화를 하던 중 우리를 향해 씩 웃으며 뜻밖의 소식을 알려주었다.

"내 고등학교 동창 코헤이가 신주쿠에 사는데 너네 재워줄 수 있대. 가보는 게 어때?"

헉, 내가 제대로 들은 것 맞지? 갑자기 잘 곳이 생겼다. 원래는 나고야 근처를 돌다 오사카로 넘어갈 예정이었는데, 이렇게 되면 굳이 계획대로 움직일 필요가 없었다. 도쿄에 갈 수 있다니! 설레는 마음에 발을 동동 구르며 거실에서 오두방정을 떨었다.

'에라, 모르겠다. 우리는 도쿄에 간다.'

갑작스레 생긴 일정을 위해 류이치가 우리의 히치하이크 계획을 도와주기로 했다. 히치하이크로 일본을 횡단했던 그는 이 순간만큼은 든든한 선배였다.

"집에서 15분 떨어진 곳에 카리야 SA(서비스애리어 : 휴게소)가 있어. 거기까지 데려다줄게. 카리야부터 히치하이크를 시작하면 저녁이 되기 전에 도쿄까지 도착할 수 있을 거야. 큰 휴게소라서 도쿄 방면으로 가는 차들도 많을 테지. 앗, 카리야 SA에 온천도 있으니 히치하이크를 하기 전에 족욕하러 가는 게 어때?"
"족욕!? 좋아! 도쿄까지는 320km니까 넉넉히 6시간은 잡아야겠지? 집에서 9시에 나가자."

아침 8시 반, 분주하게 준비를 마치고는 현관을 열었다. 일어나 보니 문밖에는 눈이 3cm 정도 쌓여 있었다. 어쩐지 밤에 자는데 춥더라니. 밤사이에 눈이 펑펑 왔나 보다. 1년 만에 하얀 눈을 맞이하게 되니 어린아이로 되돌아간 기분이었다. 신나서 승빈이와 류이치의 팔을 붙잡고 방방 뛰며 폭신한 눈 위에 발자국을 남겼다.

차를 타고 온통 눈꽃으로 뒤덮인 창밖을 구경하다 보니 어느새 카리야 휴게소에 도착했다. 엄청나게 넓은 카리야 휴게소에는 관람차도 있었다. 푸른 하늘 아래, 온천의 탕과 수증기를 형상화한 온천 기호(♨)가 보였다. 뽀드득거리는 눈을 밟으며 온천을 향해 걸었다. 얼른 따뜻한 물에 발을 담그고 싶었다. 노천 족욕탕은 단돈 100엔이었다. 이른 아침이라 그런지 우리 외에는 아무

도 없었다. 덕분에 우리는 편하게 족욕을 즐길 수 있었다. 물이 너무 뜨겁다며 난리법석을 떠는 친구들을 둔 채로 따뜻한 탕에 발을 담근 나는 탁 트인 하늘을 올려다보았다. 왠지 어제보다 가깝게 느껴지는 하늘이었다. 눈 오는 날 노천탕에 발을 담그고 있으니 신선놀음이 따로 없었다.

　1시간쯤 지났을까. 이제 슬슬 히치하이크를 시작할 시간이었다. 류이치와 아쉬운 작별을 하고 휴게소의 도쿄 방향 출구에 서서 가방에 있던 스케치북을 꺼냈다. 운 좋게 곧바로 첫 번째 차를 탄 우리는 90km 떨어진 시즈오카 현의 호수 하마나코 SA에서 내린 뒤 연달아 두 번째 차를 얻어 타고 시즈오카로 직행했다. 한참을 달리다 도로 끝에 눈으로 반쯤 덮인 후지산을 발견했다. 아쉽게도 후지산의 정상은 구름 한 조각에 가려 있었지만 그마저도 경이로운 풍경이었다.

　도쿄까지의 여정은 아직 반이 남아 있었다. 역시 집에서 일찍 나오길 잘했다. 더 늦게 출발했더라면 하루 만에 도쿄까지 가는 게 부담스러웠을 텐데. 시즈오카 휴게소 출구에서 스케치북을 들고 지나가는 차들을 향해 환한 미소를 지었다. 그러다가도 추운 날씨에 몸이 으슬으슬 떨려오면 우리는 주차장에 원을 그리며 뛰었다. 그러면 몸에 열이 나 덜 추워지곤 했다.

차를 기다린 지 1시간이 넘었을 때였다. 아까부터 우리를 흘끔흘끔 쳐다보던 일본인 커플 중 남자분이 손에 뭔가를 든 채 우리 쪽을 향해 걸어왔다.

"저기… 이거 드세요!"

그는 따뜻한 캔 녹차를 내밀며 말했다. 온장고에서 막 꺼냈는지 아직 따뜻했다.

"죄송해요. 태워드리고 싶은데 저희는 반대쪽 방향으로 가거든요. 날씨도 추운데 이거라도 드시면서 기다리세요. 히치하이크라니! 응원합니다!!!"

따뜻한 마음이 가득 담긴 캔녹차를 손에 쥐고 다시 밝은 표정으로 히치하이크를 이어나갔다.

마침내 얻어 탄 차에는 부부가 타고 계셨다. 귤 농장에서 귤을 잔뜩 따오는 길이셨는지 트렁크에는 귤이 몇 박스나 쌓여 있었다. 내릴 즈음 그들은 우리에게 귤 한 박스를 안겨주셨다. 귤과 함께 내린 우리는 곧이어 시부야에 가는 중이었던 세일즈맨의 차를 타게 되었다. 온종일 밖에서 차를 기다려서 추울만도 했는데 천사 같은 분들을 만나니 오히려 힘이 잔뜩 솟아났다.

'저 산을 오르면 구름이 내 발아래 닿으려나. 내가 진짜 일본에 오긴 왔구나…'

와세다 대학교 친구들

시부야에 있는 편의점에서 류이치의 동창 코헤이를 기다렸다. 와세다 대학교에서 공부 중인 그는 TV도쿄에서 인턴을 하는 친구였다. 류이치에게 이야기만 들었지 실제로 만나는 건 처음이라 어떤 사람일지 무척 기대가 되었다. 꼬르륵. 온종일 먹은 거라고는 캔녹차와 귤밖에 없어서 그런지 배꼽시계가 요란하게 울렸다. 편의점에 진열된 음식들을 보며 침을 흘리고 있는데 코헤이가 편의점 문을 열고 성큼성큼 걸어 들어왔다. 샤기컷에 통이 넓은 바지, 그리고 한쪽 귀에는 피어싱. 마치 일본 만화책을 찢고 나온 듯한 그는 덧니를 보이며 수줍게 인사를 해왔다.

우리는 편의점을 나가 시부야 중심에 있는 하치코 강아지 동상과 세상에서 가장 유동인구가 많다는 시부야의 건널목을 구경한 뒤 코헤이의 단골 라멘집으로 향했다. 사람도 별로 없었고 전혀 유명해 보이지 않는 평범한 라멘집이었다. 별 기대 없이 국물을 한 스푼 떠 먹었는데, 어쩌나 맛있던지. 돈코츠 라멘의 진한 사골육수맛이 입안에 퍼짐과 동시에 정신이 확 들었다.

내가 지금껏 먹은 라멘은 진짜 라멘이 아니었나 보다. 남은 국물에 밥도 한 공기 말아 라멘 한 그릇을 뚝딱 해치웠다. 진정 인생 라멘이었다. 허기진 배

'그래, 이 맛이야!!!'

를 뜨끈한 국물로 채우자 피로가 가셨다. 우리는 신주쿠의 밤거리를 가로질러 그의 집으로 향했다. 그런데 코헤이의 같은 과 동기들이 우리를 만나보고 싶어 한다며 밤에 집으로 놀러 올 거란다. 코헤이네 도착해 거실에서 티비를 보며 친구들을 기다리고 있는데 초인종이 울렸다. 코헤이는 장난스러운 미소를 지으며 나보고 대신 나가보라며 손짓을 했다.

"곤니치와?"

처음 보는 사람이 문을 열자 코헤이의 친구인 료타와 조는 당황스러웠는지 살짝 놀란 표정이었다. 하지만 금세 적응을 하고는 거실에 모여 앉았다. 한참 이야기를 나누다 중간에 먹을 게 떨어진 우리는 근처 편의점으로 향했다. 안주로 먹을 간식과 맥주를 잔뜩 사들고 돌아오는 길목에는 눈이 소복이 쌓여 있었다. 자정이 되자 또다시 배가 고파진 우리는 24시간 영업하는 식당을 찾아갔다. 규동과 덮밥을 파는 식당이었다. 한국에서는 일식점에 가야 규동을 파는데 일본에서는 우리나라 사람들이 술을 마실 때 부대찌개를 곁들여 먹듯 규동을 안주 삼아 먹는단다.

우리 다섯 명은 동갑이어서 그런지 말도 잘 통하고 관심사도 비슷했다. 졸업을 두 학기 남겨둔 친구들은 취업 준비에 한창이었다. 인턴 얘기, 전공 얘기, 문화 차이 등 할 얘기가 어찌나 많던지. 새벽 4시까지 수다를 떨다가 결국 모두 코타츠 안에 몸을 반쯤 밀어 넣은 채 그대로 잠이 들었다. 어느 나라나 또래들의 모습은 비슷한가 봐. 게임 좋아하고, 술 좋아하고, 축구 좋아하고, 먹는 것을 좋아하고. 아, 오랜만에 말썽꾸러기 동기들이 떠올라서 웃음이 터져 나왔다.

🌍 이틀 같던 하루

    느지막이 일어나 코헤이네 집에서 나왔다. 아쉽지만 코헤이가 사정이 생겼기에 우리는 잘 곳을 다시 알아봐야만 했다. 머물 곳을 찾는 것도 중요했지만 도쿄에 온 김에 관광이나 하자며 일단 코인락커에 배낭을 맡기고 시내로 나갔다. 무거웠던 가방을 내려놓으니 등에 날개를 단 기분이었다. 우리는 하루 종일 아사쿠사 신사 일대와 시부야부터 하라주쿠를 전부 걸어 다니며 도쿄의 볼거리들을 하나하나 섭렵해나갔다. 마지막으로 도쿄시청에서 야경을 보기로 했다. 건물 뒤편 도로로 지나가는 차들의 모습이 투명한 유리창 사이로 비쳐졌다. 이토록 몽환적인 광경은 아마 평생 잊지 못할 것이다.

    야경을 보는 것으로 하루를 마무리하자 오늘 밤은 어디서 지새워야 할지 슬슬 걱정이 몰려왔다. 내일은 카우치서핑 호스트를 만날 수 있으니 오늘 밤은 어떻게든 밖에서 버텨야 했다. 그러나 24시 영업일 줄 알았던 맥도날드도 새벽 2시에 문을 닫았고, 건물 주위를 서성이던 우리는 결국 이른 새벽, 길거리로 쫓겨났다.

    몹시 추운 날, 날카로운 바람은 옷 사이사이를 비집고 들어왔다. 초췌한 몰골로 밤거리를 유랑하던 우리는 카부키초 골목에 들어갔다. 샤기컷에 양복을

차려입은 호스트바 직원들이 호객행위를 하고 있었다. 왠지 무서워져 뒷걸음
질 쳤다.

'이러다가 얼어 죽는 건 아닐까…. 첫차가 있는 시간까지만이라도 버텨
보자….'

오들오들 떨며 근처 호텔 로비에 몰래 들어가 앉아 있었다. 역시 그곳에서
도 얼마 버티지 못하고 내쫓겼다. 하는 수 없이 지하철역에 가서 병든 닭처럼
쪼그려 앉아 있었다. 다행히도 첫차는 이른 시각에 있었다. 얼어 죽지 않으려
면 움직여야 했기에 그나마 이른 시각에 문을 여는 츠키지 수산시장에 갔다.
잠을 적게 자니까 하루가 이틀처럼 느껴졌다.
　잘 곳 없이 방황하다 보니 며칠째 씻지도 못했다. 참다못한 승빈이는 다음
일정이었던 도라에몽 박물관 대신 목욕탕을 간다며 내 곁을 떠났다. 승빈이

와는 저녁에 다시 만나기로 하고 홀로 남은 나는 예정대로 박물관을 향해 발걸음을 옮겼다.

박물관을 가기 위해서는 도쿄 외곽의 노보리토역에서 셔틀버스를 타야 했다. 손잡이, 의자, 벨, 셔틀버스는 온통 도라에몽으로 도배되어 있었다. 도라에몽 박물관은 십몇 년째 도라에몽 덕후인 나에게는 성지와도 같은 곳이었다. 내부에는 작가의 일대기와 삽화들이 전시되어 있었고 포토존도 있었다. 특히 기념품숍에는 내가 가장 먹어보고 싶었던 도라야키를 팔고 있었다. 전시실을 꼼꼼히 둘러보고 난 뒤 쉼터에서 도라야키를 먹으며 만화책을 읽었다. 도라에몽 만화책 전권이 보관되어 있었다. 일본어로 적혔음에도 이미 하도 많이 봐서인지 그림만 봐도 무슨 대사인지 알 수 있었다.

일본에서 도라야키를 먹으며 만화책을 읽고 있다니. 이건 꿈일까. 여행을 하며 내가 그동안 머릿속에서 그려만 오던 것들을 하나하나 현실로 이루어내게 되자 매순간이 더없이 소중하게 느껴졌다. 만약 내가 여행을 떠나지 않았더라면, 내 삶은 어떻게 흘러가고 있을까.

잠시 생각해봤지만 그래도 나는 언젠가 지금의 나와 같은 여행을 했을 운명인 것 같다.

☂ 다시 오사카로

전날 노숙을 했던 우리는 가까스로 구한 카우치서핑 호스트 쿠라의 집에서 도쿄의 마지막 밤을 보내고 오사카로 떠날 준비를 했다. 날은 추웠지만 다시 오사카에 돌아간다는 기대감에 쌀쌀한 공기조차 설렘으로 다가왔다. 아직 하늘은 어두웠다. 다들 자고 있는지 한적한 길거리에는 냉랭한 새벽바람만이 불어왔다. 오리털 침낭을 어깨 위에 덮어 체온을 유지했다.

도쿄 한복판에서 히치하이크를 하는 건 다소 어려웠기에 지하철을 타고 외곽까지 나왔다. 이른 아침부터 추운 날씨에 힘들었던 우리는 편의점에서 라면 하나를 빠르게 흡입하고 고속도로 진입로에 자리를 잡았다.

'서쪽 방향으로 가는 아무 차나 탔으면 좋겠다.'

차들은 내 옆을 쌩쌩 지나갔고 바람은 나를 한껏 끌어안았다. 차가운 기운이 뺨을 스쳤고 몸은 오들오들 떨려오기 시작할 무렵 차가 한 대 멈췄다. 운전자 아저씨는 아내와 아들을 데리러 하마마츠에 있는 외가에 가려던 중이셨단다. 일단 우리는 차에 냉큼 올라탔다. 따뜻한 공간에 들어오니 온몸의 긴장이 풀렸다. 졸음에 눈꺼풀은 감겨오기 시작했다. 꾸벅꾸벅 졸린 눈에 힘을 주고 창밖을 바라봤다. 아저씨는 이른 아침부터 피곤할 텐데 눈 좀 붙이고 있으라며 다정하게 말씀하셨다. 순간 긴장이 풀려 창문에 기대 잠을 청했다.

눈이 쌓인 도로를 한참 달리던 우리는 어느새 휴게소에 멈춰 섰다. 헤어지기 전, 피크닉 테이블에 앉아 지역 특산물인 딸기찹쌀떡과 와라비떡을 사와서 나눠 먹었다. 그리고 여정의 끝을 향해 달려갔다.

점점 하늘은 어두워졌고 눈이 내리기 시작했다. 하마나코 휴게소로 돌아왔던 우리는 시가를 지나 오사카에서 150km 떨어진 휴게소까지 오게 되었다. 하늘에서는 함박눈이 내리고 있었고 우리는 여전히 차를 기다리는 중이었다. 추위를 이기기 위해 차를 기다리는 동안 원을 그리며 뜀박질을 했다. 마침 휴게소에서 나오던 부부가 '大阪市'라 적힌 스케치북을 발견하고 자신들도 오사카에 가는 중이었다며 흔쾌히 자리를 내주셨다. 덕분에 우리는 도쿄에서 히치하이크를 시작한 아침 7시부터 정확히 12시간이 지난 후에 오사카에 도착하게 되었다.

'우리가 해냈구나!!'

마지막 구간을 남겨두고는 차가 너무 잡히지 않아 휴게소에서 노숙이라도 해야 하는 건지 갈등했는데 정말 운이 좋은 날이었다.

승빈이와 나는 오사카에 도착하자마자 부리나케 지하철을 타고 아이코가 알려준 주소로 향했다. 아이코의 친구가 오코노미야키 식당을 개업했다기에 저녁 8시에 셰어하우스 사람들과 다 함께 개업파티에 가기로 약속을 했었다. 그래서 우리는 기를 쓰고 제시간에 오사카에 도착할 수 있도록 이른 아침부터 히치하이크를 했던 것이었다. 오사카까지 오는 길 내내 오코노미야키가

아른거렸다. 셰어하우스 친구들도 여전히 잘 지내고 있을까. 그리웠다.

　주택가의 코너에 있는 아담한 식당. 문을 열고 안으로 들어가자 그토록 보고 싶었던 친구들이 우리를 반겨주었다. 개업 기념으로 오코노미야키와 맥주는 전부 무료였기에 우리들은 배가 터지도록 먹고, 마시고, 즐겼다. 소소한 파티를 마친 뒤 다함께 셰어하우스로 돌아왔다. 마치 고향에 돌아온 듯 온몸의 긴장이 풀렸다. 집에 돌아오자마자 짐을 방에 던져놓고 바구니와 수건을 챙겨서 셰어하우스 친구인 유키, 히미코와 함께 동네 목욕탕으로 향했다. 이래저래 쑤셔오던 몸을 뜨거운 물에 담그니 쌓인 피로가 전부 풀렸다. 목욕 후 마신 커피우유는 더욱 특별했다.

　다시 돌아온 오사카에서의 하루를 마무리하고 푹신한 베게에 머리를 눕히자 정말 모든 게 끝나가는 게 실감이 났다. 눈을 감고 히치하이크를 하던 우리들의 모습을 회상했다.

　"안녕하세요! 어디 가세요? 도쿄에 가려고요. 도쿄 방향이면 어디든 상

관없어요. 가는 길목에 있는 아무 휴게소에나 내려주시면 돼요. 감사합
니다!"

"한국에서 왔어요. 일본 문화와 일본어를 배우고 싶습니다. 평소에 일
본 드라마와 만화책을 즐겨 보는 학생이에요. 경제학을 전공하고 있고
집에는 강아지 두 마리와 길고양이 세 마리를 키우고 있어요. 히치하이
킹이요? 물론 무서울 때도 있지만 재밌어요! 일본 음식은 전부 좋아해
요. 가장 좋아하는 음식은 타코야키예요."

오사카부터 도쿄까지의 히치하이크가 특별했던 이유는 내 긴 여행을 마무
리하는 마지막 히치하이크였기 때문일 것이다. 그동안 수많은 현지인들과 시
시콜콜한 이야기를 하며 이동했던 순간들이 주마등처럼 머릿속을 스쳐 지나
갔다. 추운 겨울에는 처음 해보는 히치하이크였지만 운전자분들의 친절로 얼
어 죽지 않고 무사히 여정을 마칠 수 있게 되었다.

오사카에 돌아온 지금 이 순간이 내 책의 마지막 한 장이 되겠지. 마지막이
라는 생각이 들자 그동안 길 위에서 만났던 수많은 사람들의 모습이 선명하
게 떠올랐다.

📷. 안녕, 오사카

푹신한 침대에 파묻혀 늘어져라 자고 있었는데 유키가 문을 똑똑 두드렸다.

'벌써 오후 12시라니 정말 엄청나게 잤군.'

마지막 날에는 뭘 하며 보내야 할지 도무지 감이 안 잡혔다. 일단 승빈이는 오늘 저녁에 오사카를 떠나게 되었고, 나는 긴 여행을 되돌아볼 혼자만의 시간이 필요했기 때문에 다음 날 따로 한국에 가기로 했다. 친구들과 웃고 떠들다가 신사에 가서 기도를 드리며 기념품을 사는 등 소소한 하루를 보냈다. 그날 밤 혼자 남은 방에서 밤새도록 많은 생각을 했다. 내일이면 1년간의 여행의 마지막 날이란 것에 무척 떨리기도 했고 아쉽기도 했다. 자고 일어나면 어떤 기분이려나.

다음 날, 나는 평소와 똑같은 하루를 보냈다. 친구들이랑 아침, 점심, 저녁을 먹고 밤에는 혼자 자전거를 타고 석양을 보러 갔다. 특별할 것 하나 없는 날이었다. 여행의 마지막은 특별할 것 같다는 막연한 생각을 하고 있었지만,

현실은 내 생각과는 다르게 지극히 평범했다. 오히려 너무 평범해서 오늘이 과연 마지막 날이 맞긴 한 건지 실감이 나지 않을 정도였다.

그러나 저녁을 먹을 때부터 속이 울렁거리기 시작했다. 내색은 하지 않았지만 온종일 기분이 울적했다. 한편으론 홀가분하기도 했지만, 사실은 이 여행이 끝이 나지 않도록 오늘을 꽉 붙잡아버리고 싶기도 했다. 한국에 돌아가면 여행을 하며 얻었던 모든 것들을 한순간에 잃어버릴 것만 같았다. 내 자신조차도.

친구들과 벤텐초역에서 헤어지고 공항철도를 타러 승강장에 올라서자 눈물이 막 쏟아져 내렸다. 뒤엉킨 감정들이 한꺼번에 북받쳐 올랐다. 끝이 나지 않을 것 같았던 여정의 끝이 보이고 있었다.

여행의 종착역이었던, 파란만장했던 일본. 여행을 하다 만난 소중한 사람들 모두 잊지 못할 거야. 내가 얼마나 많은 도움과 사랑을 받으며 여행을 했는지 전부 가슴속 깊이 담아두고 지루한 일상에 지칠 때마다 두고두고 꺼내 볼 거야. 내가 받은 도움, 모두 꼭 기억하고 있다가 그만큼 베풀면서 살아야지. 마음 넓고 따뜻한 사람이 될 거야. 추운 겨울에 손을 호호 불어가며 스케치북을 들고 있을 때 차를 태워준, 고맙다는 말로도 부족한 분들. 걱정해주신 많은 분들. 따뜻한 밥을 손수 차려준 친구들. 내 여행을 응원해주고 도와줘서 정말 고마워. 여행의 끝에서 너희들을 만나 정말이지 행복했어.

아직도 꿈을 꾸는 것 같아. 구름 위를 걷는 기분이란 이런 것이겠지. 지난 1년이 내 가슴을 얼마나 뛰게 했는지, 얼마나 놀라운 우연과 필연으로 가득 차 있었는지, 길고 긴 파노라마 필름으로 남아 머릿속을 맴돌고 있어. 처음 여행을 떠나기로 결심하며 비행기 표를 알아보고 가방을 꾸리던 날. 긴 여행을 꿈꾸고 가방을 비우며 새롭게 짐을 싸던 날. 휴학을 결심한 날. 매번 새로운 도전으로 일상을 채우던 날들. 스물세 살의 내가 한 선택에 뿌듯해. 단 한 번도 후회해본 적 없어. 행복한 날들이었어. 스쳤던 모든 사람들이 보고 싶을 거야. 또 다른 일상에서 어느덧 일상이 되어버린 나의 여행을 그리워하겠지.

12시가 땡 치면 마법이 풀려버리는 신데렐라처럼 내 여행도 마법처럼 끝이 나버리겠지만, 추억과 경험이라는 유리구두는 여전히 남아 있을 거야. 여행이 끝나도 한국에서도 내가 하고 싶었던, 마음이 시키는 일들을 계속해서 할 거야.

みんなと過ごせて楽しかったです！
いろいろとよくしてくれてありがとう！またね！
모두와 지내서 즐거웠어! 여러모로 잘해줘서 고마워! 또 봐!

TIP 여행, 그 후

☑ 여행을 더 오래 기억하기 위해 다이어리를 적어보자.
일정 및 계획도 좋고, 일기도 좋다.

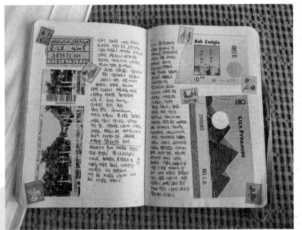

☑ 또 친구들이 각자의 나라 언어로 써
  준 편지, 소중한 것들을 붙여둘 수도
  있다. (그림, 돈, 티켓, 사진 등)
  여행을 다니며 기록한 다이어리는
  소중한 기억들을 돌아보게 해준다.

✦✧ 에필로그

공항철도를 타자 익숙한 향이 느껴졌다. 홍대입구에서 2호선으로 갈아탔는데 지하철의 초록색 라인마저 너무나도 익숙했다. 집에 가면 모든 게 정말 끝이 날 것만 같았다. 아직은 여행하던 기분을 잊고 싶지 않은데…. 배낭 하나 메고 방방곳곳을 돌아다니던 기억을 놓고 싶지 않았기에 괜히 지하철역 안을 맴돌았다. 지하철역을 올라오자 눈이 쌓인 나의 동네가 보였다. 그러자 복잡했던 마음이 눈 녹은 듯 정리가 되었다.

그리고 한국에 돌아온 지 일주일, 모든 것이 낯설었다. 더 이상 같이 수다를 떨 집주인도 없고, 다음은 어디를 갈지, 어느 고속도로를 타고 갈지 지도를 보며 고민할 필요도 없어졌다. 하지만 며칠 푹 쉬고 나면 다시 배낭을 챙겨 새로운 곳으로, 새로운 인연을 만나러 떠나야만 할 것 같은 기분. 12시 종이 땡 친 후 마법이 풀려버린 호박마차에 남겨진 신데렐라의 심정을 이해할 것 같았다. 수많은 추억들이 유리구두로 남겨져 있었지만, 한편으로는 이 모든 기억들이 애초에 존재하지 않았던 환상 같기도 했다. 무사히 돌아온 것에 안도감이 들기도 했고, 가슴 한쪽에 구멍이 생긴 듯 허전하기도 했다.

세상을 두 눈으로 직접 확인하고 싶었고, 첫 여행에서 느꼈던 행복을 다시 한 번 느껴보고 싶었기에 떠난 여행. 나에게 이 여행이 더욱 특별했던 것은 히치하이킹 때문이 아니었을까. 시간으로 치면 여행의 반 정도를 낯선 길 위에서 보냈고 거리로 치면 19,105km를 히치하이크로 이동했다. 그 과정에서 무려 231명의 운전자를 만나게 되었다. 차를 타기 전에 운전자의 눈을 마주하며 나눈 짧은 대화들, 목적지까지 함께하는 사람들과 교감하는 시간들이 사람을 보는 안목을 길러줬다. 자연스레 그 나라의 언어도 익히게 되었다. 여행길을 목적지에 도달하기 위해 보내는 시간 이상의 것으로 만들어줬다.

행복을 찾기 위해 떠난 여행은 또 다른 배움터였다. 물론 학교에서 하는 공부와는 다른 길 위에서의 배움이었는데 두 발로, 두 눈으로, 가슴으로 느끼는 새로운 방식의 공부였다. 나의 좁은 방의 문을 열고 밖으로 나가 세상을 탐구했던 소중한 시간이었다. 하루하루 새로운 인생을 공부하며 세상 밖의 사람들과 관점을 공유했다. 난 현실과 이상 사이 그 어딘가를 끊임없이 방랑했으며 그동안 도전해보지 못했던 것들에 용기 있게 부딪히게 되었다. 두려움도 있었지만 매순간에 푹 빠져 오늘이 마지막 날인 것처럼 온통 여행에 몰두했다. 현재를 즐기는 법을 알게 되었다.

여행을 마치고 돌아올 무렵 나는 조금 바뀌어 있었다. 터닝포인트가 되어주었던 여행 덕분에 삶에 대한 생각을 더 많이 하게 되었다. 가치 있는 삶 말이다. 앞으로 어떤 길을 택해야 하는지, 어떻게 살아야 좀 더 풍요롭고 열정적인 삶을 살 수 있는지 끊임없이 고민하게 되었다. 돈을 많이 벌지는 못하더라도 어떻게 살면 어제보다 나은 내가 되고, 내 삶이 더욱 행복해지는지에 대한 고민. 내가 가는 길이 맞는 건지 틀린 건지는 중요하지 않았다. 그저 지금 내가 가는 길에 확신이 생겼다는 것이다. 내가 원하는 삶을 살아가기 위해 매

'1년간의 여행이 끝났다는 건, 새로운 시작이라는 뜻이야.
절대 다 끝났다고 생각하지 않을래. 이제부터가 새로운 시작이니까.'

일 꿈꾸며 나아가는 내 자신이 사랑스럽다. 열등감으로 덮여 있던 내가 나의
삶을 온전히 사랑하게 될 줄 나는 알았을까.

난 행복하다. 지금도 행복하고 앞으로도 행복해질 것이다. 그러니 당신들
도 행복해야만 한다. 스스로를 사랑하지 않는 청춘들이 행복을 찾을 수 있도
록 용기를 주고 싶다. 자신 있게 행복하다고 웃는 얼굴로 말하는 그날이 올
때까지 난 응원할 것이다. 나는 내 생각보다 강인한 사람이었다. 당신 역시
그럴 것이다. 여행이 아니어도 좋다. 당신이 꿈꾸는, 사랑하는 일을 하길 바란
다. 매 순간 가슴 떨리도록 행복하기를 바란다. 지금 이 순간이 아니면 영원
히 못 할지도 모르니까! 스스로의 선택을 믿고 꼭 이루고 싶었던 것을 하며
행복한 매일을 보내길 바란다.

항상 내가 원하는 삶을 그리고 상상하며 하루하루를 행복하게 열심히, 그리고 나의 현재의 삶도 사랑하며 살아가다 보면 내가 동경하던 삶을 살고 있는 내 모습을 마주하게 되지 않을까요? 자신의 삶을 온전히 사랑하세요.

여행이 아니어도 좋아요. 하고 싶은 일이 있으시다면 용기를 내세요. 한 발자국 더 앞으로 움직이세요. 자신이 사랑하는, 열정을 쏟아부을 수 있는 일을 하세요. 지금 이 순간이 아니면 영원히 못 할지도 몰라요. 자신을 믿고 스스로의 선택을 믿어요. 꼭 이루고 싶었던 것들을 하며 행복한 매일을 보내시길 바랍니다.

Live the life you love, love the life you live
Live the life you love, love the life you live

'그대가 살고 있는 삶을 사랑하라,
그대가 사랑하는 삶을 살아라.'